微軟創辦人比爾・蓋茲曾在自己部落格上的一篇文章中強調了數據素養的重要性。他說數據素養是當今世界上最重要的技能之一，因為數據在我們的生活中扮演了愈來愈重要的角色。什麼是數據素養呢？就是本書所提到的數值化思維。比爾・蓋茲認為，具備數值化思維的人將會在未來取得成功。

我自己感受最深刻的、最有價值的，就是數值化思維的養成讓我更好地掌握商業的本質、商業問題的數據脈絡。如果你已經厭倦看到太多的理論與方法，只想知道能快速上手、有效實用的數值化思維技巧，我想這本書挺符合你的需求！

——劉奕酉（鉑澈行銷顧問策略長）

數值化思維已成為職場人士晉升主管和加薪的重要能力，它可以讓你的溝通內容更加清晰易懂，並幫助你更有效地達成工作成果。

由於自己在職場早期對數字無知，因此感受到巨大的工作壓力。後來，我開始透過 EXCEL 報表分析，讓數字成為跨部門溝通的共同語言，這種新能力讓我開始能在公司站穩腳跟，且當我開始學會透過數據與前後比較，以支持自己推動的改善方案且證明其有效時，就能夠爭取到更多的內、外部資源。

如果你想要在數據時代不落後於人，希望本書能成為你的好幫手，讓你更好、更從容地應對職場和生活中的各種挑戰，真心推薦給你！

——蘇書平（先行智庫執行長）

電商創業近二十年來，我早已是個不折不扣的數字工作者。我們沒辦法接受「流量好」這樣模糊的說法，而是必須指出：好是多好？我們要以具體數字表達，這個時段的平均進站流量是多少？無論業績好或差，都要推測出原因，而數值化思維就是幫助你判斷與分析的基礎。

這樣的工作風格也滲透進我的生活，我習慣數值化生活中的大小事，而且深知這樣執行的好處。當你習慣將事物數值化時，人生將變得更加「清晰」，在他人眼中可能隔著層層迷霧的景象，在你眼中卻能輕鬆地直視本源。

在同類型的書籍中，我很難得見到一本書的內容可以這麼流暢與平易近人，非常推薦給每一位想讓人生活得更「清晰」的朋友。

——李忠儒（戀家小舖創辦人）

當年我在台積電的第一份工作是生產管理工程師，每天都要主持生產管理會議。由於我有五年時間都在生產製造部門，因此參與了兩千場次以上的生產會議，也訓練了我對數字的高敏感度。

我在職場二十幾年了，真的覺得數值化思維是很重要的職場關鍵能力。你會看到很厲害的工作者，他們對數字的敏感度真的比一般的工作者來得強大，而且解決問題的邏輯思考能力也會很不錯。

如果你想用數字來思考工作與生活的一切，我強烈推薦本書。只要學會這些方法，你的數值化思維就會大幅提升。

——彭建文（品碩創新管理顧問有限公司創辦人、《思維的良率》和《思維的製程》作者）

我發現大部分朋友都曾說：看到一堆數字就很頭痛，甚至連理科領域的人也不例外；我猜大概只有會計師朋友覺得數字平易近人吧。我以前的想法也跟大家一樣，總覺得數字好煩，但後來卻發現「掌握數字」能幫我們許多忙。數字可以提供客觀且一致的基準點，讓我們做任何事都能朝正確的方向努力。

理解並利用數值化思維能讓我們節省精力與時間，而這正是人生最稀缺的資源。如果你目前還對數字避而遠之，不如給自己一個機會，從閱讀本書開始讓數字幫你改善人生吧！

——林長揚（簡報教練／暢銷作家）

在當今的數字時代，數值化思維不僅是基本技能，也是競爭優勢。本書所要傳遞的價值就是「高效問題解決力」，書中有滿滿的數值化思維運用，也在第4章中，帶出多數成功人士與企業使用的數字力法則。

其實，閱讀本書也是一種數值化思維的活用。本書提供29個數值化思維訣竅，若你試著每天讀完一個並活用，除了花一個月讀完這本書外，更收穫了29個行動體驗心得。

這時代掌握數值化思維的人，不只工作能帶來更高效益，更是掌握財富的關鍵，而這一切的開端就是花錢買下這本書開始，捨得花錢在有價值的好書上，也是一種聰明數值化思維的展現！

——鄭俊德（閱讀人社群主編）

前言
工作上唯一必備的能力

我們經常會說「那個人對數字很拿手」。

我從國稅局稽查官轉換跑道，進入東證一部上市公司的經營企畫部門（負責財務業務）服務，接著又當了企管顧問，後來成為經營者；光是亮出這些頭銜，就會被別人說「看來你對數字很拿手」。

不過，仔細想想，「對數字很拿手」的描述實在是令人覺得莫名其妙。如果說是懂簿計，或者是算數速度很快都還可以聽得懂，但「對數字很拿手」究竟是什麼意思？

在本書中，我用「數值化思維」呈現「對數字很拿手」，而「數值化思維」正是目前在商業實務上很需要的能力。

那麼，究竟什麼是「數值化思維」？

所謂的數值化思維是為了導向妥善決策，運用數字、擘畫思維理路的能力。

不論從事什麼工作，數值化思維都是最根本的關鍵能力。

現代有九成的上班族不需具備會計的專業知識，甚至連快速心算、正確運算之類的能力都不必有。花時間去學用Excel或計算機就能瞬間算出答案的技術，根本沒有意義。

工作上時時都要做決策。工作者能把數字當成決策時的判斷依據，或者以數字向他人呈現決策的根據及可行性，才是關鍵。

舉例來說，假設我們靈光一現，腦袋閃過對某項新事業的想法。當我們心想「我一定要讓這個想法成真！」時，需要的是用自己看得見的形式，確認為什麼這個想法「行得通」。此外，在前述的基礎上，我們還需要經歷**根據某些客觀的素材，研擬說服決策者或利害關係人的過程**。

儘管，我們再怎麼強調「自己認為這個想法行得通」，都不會有人認同。這時，若能找出能說服對方的數字，簡潔地說明市場規模和可望成功的憑藉，我們就能順利過關斬將，讓想法火速成形，進而看到成果。

在早期商品、服務的選項寥寥無幾，市場規模仍一路擴大的年代裡，企業不必在決策上花太多心思，只要盡速行動，就能衝高營收。

然而，當代社會的商品和服務都處於飽和狀態，消費者的價值觀和需求也已趨於多樣化、複雜化。因此，決定什麼、如何決定都顯得格外重要。

現今只要我們設定的目標稍有失準，很容易就創造出完全賣不出去的滯銷商品。因此在職場，**不論哪個業界，何種職務，對於「能明快、精準決策」的人才需求已是與日俱增**。

「數值化思維」有助於建構決策思維理路，實現創意，而這種能力不必靠經驗，可透過知識的累積來培養。只要明白「該從什麼角度切入、處理問題」的原則，剩下就是熟能生巧的問題。然而，要是不懂這項原則，只是一味逃避數字，那就永遠無法自然而然養成「數值化思維」了。

具備數值化思維的人，能將談話內容的論點整理得條理分明，所以別人一聽就

懂。此外，在任何工作上都講求數值化思維，所以若具備此能力，可說是跨業界的通用人才，甚至在國外也同樣能暢行無阻。

對上班族而言，說到進修，英文可說是大家第一個想到的選項。可惜的是，即使我們學好英文，也無法出國工作；不過，只要具備數值化思維（也就是可不斷正確決策的能力），縱然是在他鄉異地的海外環境，也能透過搭配口譯等方式，發揮自己的能力。

不少經營者、企業家，就算轉換跑道進入不同行業，仍能一如既往，大顯身手。例如，日本三大便利商店品牌之一的羅森（Lawson）前社長、現為三得利（Suntory）控股公司社長的新浪剛史，或是曾擔任日本可口可樂會長、現為資生堂社長的魚谷雅彥，尤其有名。

一般人認為，從飲料製造商轉進化妝品業界，想必面臨隔行如隔山的鉅變，但商業的本質應該是不變的。**因此，有能力掌握商業本質的人才，不管到哪裡都適用。**

作為企管顧問，我平時會參與各種企業會議，也實際走入公司，和經營團隊共同推動業務改革。在這樣的過程中，有一件事讓我很有感觸，那就是太多人做事全憑情緒、決策全憑感覺。

具備數值化思維，還懂得根據數字判斷優劣，再依這些判斷決策的人，我估計頂多只有三%。團隊裡只要一個人具備數值化思維，就能整理出論點，產生讓眾人討論自此發展的契機。然而，要是在企業或部門裡，連這樣一個人都不存在，討論往往就無法收斂、整合。

不論是做事憑情緒或決策憑感覺，本來都不是壞事。畢竟在商業上妥善運用直覺、眼光，至關重要。

然而，在運用直覺、眼光之前，數字更是不可或缺。**若不先用數字逼近問題，就無法整合團隊，也無法順利決策，更學不會把失敗的教訓運用在下一場挑戰上。**

我寫下這本書，就是希望讓所有上班族培養出必備的數值化思維。即使是文組背景，覺得自己「怕數字」的人，也能學得會。書中還加入了機智問答，以及與日常生活相關的問題，內容編排得讓你更能愉快思考。

讀過本書後，若你能養成**凡是工作上的問題，都改用數字思考的習慣**，應該就能躋身具備數值化思維的「前三％上班族」之列。

不論是開會、日常業務或評估中的案件等，即使是小事，若都能立刻浮現數字來輔助思考，那麼談論工作所用的語言、詞彙，就會出現變化，就連工作績效、成果也會跟著蛻變。若你能發現自己的商業本質正在一點一滴地累積，我將會非常開心。

目次

Chapter 2

大略掌握「公司的數字」

Chapter 3 將「數字魔力」發揮得淋漓盡致

Chapter 4

改變工作思維的九大定律

Chapter 5

合理化你的每個判斷

Chapter 1

用數字來思考工作上的一切

用數字分別呈現目標與現實，
是解決問題的第一步。

訣竅 1

做個說得出「根據」的判斷

一千元該怎麼分？

注意！請回答以下問題。

這不是很困難的數學題目，請放心。

有人給了你一千元，要求你分給Ａ，分配方式可由你全權決定。

不過，Ａ享有否決權。當Ａ不滿意你提出的金額時，就可行使否決權。一旦有人行使否決權，這一千元就會被沒收，你和Ａ一毛錢都拿不到。

那麼，你會提出給Ａ多少錢的方案呢？

你覺得該如何解這道題目呢？它並不困難，答案卻因人而異。我在自己課程上，問過與會學員，也詢問過周遭的親朋好友。絕大多數的答案都落在三到五百元之間。

也就是兩人平分，或自己多拿一點。

當中也有人很豪氣地說，要全給Ａ。這是因為認為「反正這筆錢我拿不到，不如把一千塊都送給他，心情還比較暢快」的緣故吧？

然而，也有人只願意給Ａ一塊錢。

才一塊錢？

沒錯。

若純粹只考慮經濟理性的話，這才是正確答案。

既然這筆錢的分配由你決定，那就應該想一個能讓自己的配額極大化，而Ａ又不會拒絕的金額。

零元當然太離譜，想必Ａ一定會拒絕，導致這一千元被沒收。不過，如果只給一元的話，對Ａ來說會比拒不接受有利，也沒有理由拒絕。因此，從理性角度來思

最後通牒賽局

若A拒絕接受，則全額都會被沒收。
如果是你，會怎麼分配這筆錢？

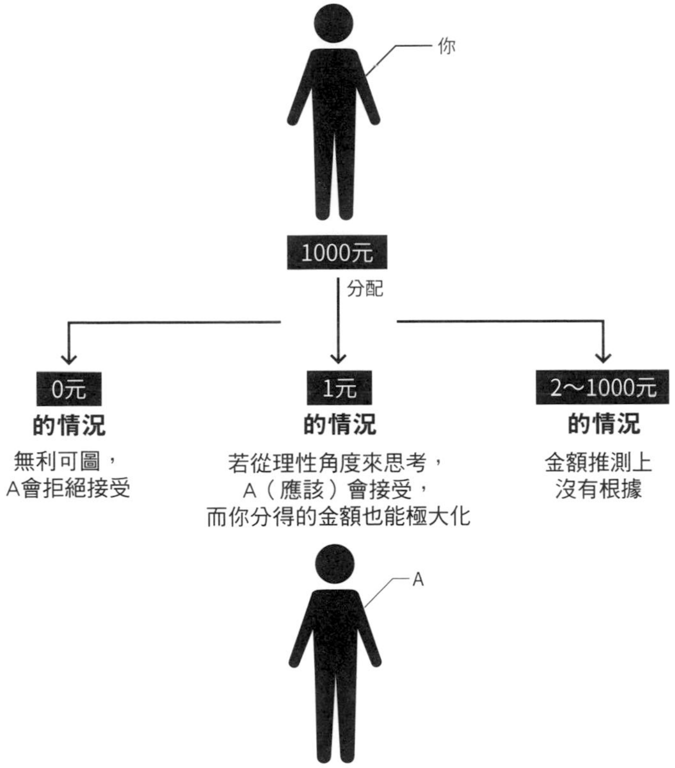

從理性角度來思考，應提議「1元」。
先掌握這個觀點之後，
再評估其他因素。

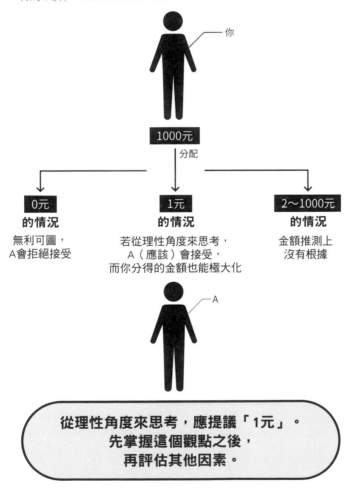

考，答案應該是一元。

「感性」與「理性」的平衡難度

這道題目就是所謂的「最後通牒賽局」（ultimatum game），大家曾以多種版本做過實驗，例如提高金額、調整賽局參加人員、觀察男女差異，還做了跨國比較等。不論如何改變條件設定，提議金額的平均值大概都落在四五％（也就是四百五十元）左右。

若再請受試者轉換立場，改以金額提議接收方（就是A）來思考的話，結果有半數受測者在聽到金額三〇％以下的提議時，便行使「否決權」。就算是三〇％以下，只要不拒絕，受測者還是能拿到一些錢，但實際上就是出現了這麼多拒不接受的聲音。

從這個角度來說，提議三百到五百元之間，可說是考量了接收方感受之後的回答，有其意義。

該如何做出決策？

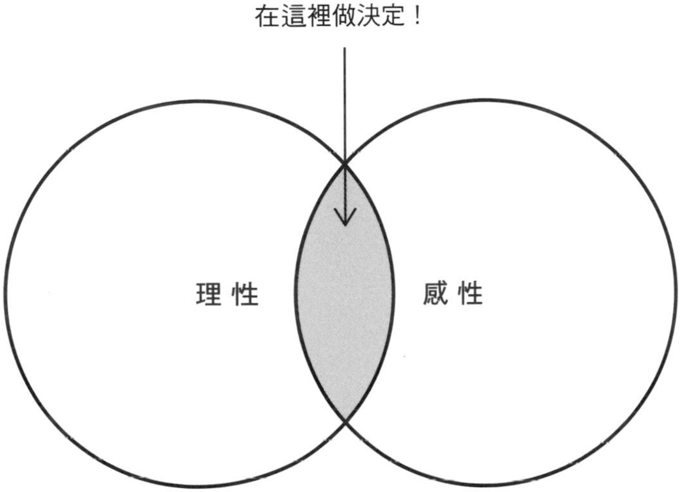

不能光憑感性做決定。

然而，從題目的文字描述中，我們完全看不出收款人背景。因此，「從三百到五百元」這個金額區間，只不過是「好像差不多這樣吧」的判斷，並沒有根據；收款方也會覺得「這樣好像會吃虧」而拒絕接受，稱不上是理性的判斷。

這個實驗的結果，呈現出**「我們判斷事物有多麼憑感覺」**。即使是那些平時認為自己「講究邏輯思考，理性選擇」的人，恐怕也無法想像「一元」的答案吧？

其實不僅是個人生活，就連在組織、團隊當中，也都是在綜合考量「理性」和「感性」兩方後才做出決策。因為，只憑感覺決策固然不妥，但只憑理性下決定，也不見得一定正確。

POINT

要屏除感性，就要抱持「若從理性角度思考會如何」的觀點。

訣竅 2

「開不完的會」究竟為什麼開不完？

◉把數字當成「共通語言」使用

我出席過各種公司會議，偶爾會碰到一開就是好幾個小時，怎麼開都開不完的公司會議。

這應該是很多人都共有的經驗吧？

開不完的會，究竟為什麼開不完呢？

原因出在沒有妥善運用數字。

從數量的角度切入，運用數字分析，有**「量化」分析**的說法；相對地，若以「性質」的觀點掌握問題，就是所謂的**「質化」分析**。

文組背景的讀者，對這些名詞或許不那麼熟悉。不過，這些描述在理組科系的大學研究室、科技業等都很常用（附帶一提，我是文組畢業的）。

進行量化分析時，不論由誰判讀，都會得到相同的結果，非常客觀。

舉例來說，假如有一家經營實體店面零售的公司，正在討論「該不該進軍網路購物通路」的議題。

「根據日本市調公司富士經濟發布的資料指出，通訊交易暨電商市場在二〇二〇年的市場規模，預估達十五兆一千一百二十七億日圓，較前一年成長一〇・一%。到二〇二二年，通訊交易暨電商的市場規模還會擴大到十六兆四千九百八十八億日圓。其中，網路購物占通訊交易市場的八成以上；型錄購物為一兆一千兩百億日圓的規模；電視購物則是六千億日圓左右，呈現持平趨勢。」

上述就是量化「報告」，用數字呈現市場規模。

相對地，以下為質化「意見」，**內容皆建立在說話者的主觀與經驗之上，完全沒有出現任何數字**。

「近來，網購似乎已成為民眾消費的當然選擇。我身邊的親朋好友也是如此，凡是想要買什麼，都會先上網搜尋。即使是不用電腦的人，也可透過智慧型手機網購。發展網購不僅可搶攻年輕族群，還可望爭取團塊世代（編按：日本戰後嬰兒潮）的青睞。」

對質化語言的感受因人而異，不過運用數字所做的量化說明，比較不容易發生「對方接收的資訊，和自己想表達的不同」的溝通落差。

假如你位居要職，必須做商業判斷，決定公司要不要發展手機購物事業時，你會怎麼做？難道你不希望在決策過程中，參考量化分析資料嗎？

或許你覺得：「在會議上拿出數字說明，不是很理所當然嗎？」

然而，**實際上，在會議中，你會很驚訝地發現：大家口中所談的都是質化的內容。**

「網購客群和公司商品的目標族群好像不太一樣？」

「電視購物的廣告效果比較好吧？」

「應該先拿一部分的商品去測試。」

「電商網站的設計很重要。」

當然不可能每件事都用數字呈現，其中難免有不確定因素，而質化意見也不見得都那麼一文不值。

然而，**如果沒有拿數字當成剛開始討論的立足點，討論就會不知發散到何時，無從整合**。

◉你的討論是否沒有數字依據？

過去，我有一位客戶在公司召開會議，希望評估企業官方網站是否需要更新。當時這家企業的官方網站使用上很不便，以至於很多顧客乾脆打電話到客服中心詢問，客服人員因此必須花很多時間回應，形成公司的一大問題。

「我們一起把網頁變得讓顧客更好用吧！」

此專案投入數百萬日圓的成本，耗時約四個月，算是稍具規模。網站更新後，能有效提升顧客滿意度。**向客服中心洽詢的案件數減少，等於節省了公司的人事成本，客服人員就可以把心力花在對獲利更有貢獻的工作上。**

就這樣，這家企業的官方網站順利更新完成了。這個專案的決策和執行，看起來似乎沒有什麼問題。

然而，後來卻爆發了其他問題。

事情發生在另一個與官方網站更新完全無關的專案會議上。

「我們該怎麼降低客服中心的成本費用？」

「想辦法減少進線的電話數量吧。」

「對了，不是說官方網站更新之後，進線洽詢的電話量就會減少嗎？結果成效怎麼樣？」

「不知道欸……」

與會者全都撇著頭，表示疑惑。

「多少少了一點吧？」

原來根本沒人去驗證官網更新的成效。

要是這時有人用數字說明改善成效，包括人事成本節省多少，處理時間削減了幾個小時，進線電話量降低了多少等，應該馬上就能繼續這場會議吧？只要確實統計數據，就能應用在客服中心這次的改善專案上，還能輕鬆提出新預測。

可惜的是，在這場會議上，沒人說得出量化的內容。

果然到最後，會議還是開不完。

◉不「驗證」，專案就沒意義

「專案會執行下去，但執行之後就不關我的事了。」這種情況應該經常發生，不限於前述企業。這樣真的非常可惜。

執行一項專案之後，如果不能充分運用在後續業務上，企業就無法成長，到時會碰上的問題可就不只是「會議開不完」的等級了。

若要把專案成果應用在後續業務上，那麼在計畫階段就要提出目標數字，還得事先決定負責驗證結果的人選。

以前述這場會議為例，當初在擬訂官方網站更新計畫時，就該訂定具體的數字目標，例如「洽詢電話從一百通降到三十通」；同時，在網站更新完成後也要決定由誰負責確認進線電話數量的實際增減狀況。

POINT

會議討論的正確順序為，先提出「量化分析」，再發表「質化意見」。

訣竅 3 用數字「可視化」目標與現實間的落差

◉光是說「做事要更有效率」，解決不了問題

每位上班族都需具備「運用數字進行量化思考」的能力。為了解決公司的問題，首先最需要的是以「量化」形式掌握問題內涵，這才是解決問題的基礎。

在此，我們要釐清：**企業裡的「解決問題」，究竟為何？**

企業發展事業活動必定有其目的，也就是所謂的理念、願景。為了讓企業朝目的前進，所以又有了目標。

假設現在有一家企業，它設立的目的是希望達成「運用資訊科技，讓所有上班

族工作更有效率」。那麼，究竟該怎麼做才能成就這個目標呢？光聽「運用資訊科技，讓所有上班族工作更有效率」這句話，基層根本不知道該做什麼才好。

這就像在馬拉松比賽中，只聽到一句「朝著遠方跑」，卻永遠跑不到終點一樣。馬拉松比賽全程距離為四二・一九五公里。用數字呈現終點在哪裡，讓跑者明確掌握，才能發揮實力。

要達成日的，首先要訂定明確的數值目標。

「五年後要將網路應用程式銷售給六百家企業，市占率達三〇％」

像這樣以數字明訂出目標，就能看出企業究竟該做什麼。

假設目前這家企業已將應用程式供應給一百家客戶，市占率為五％。有了上述的數字目標，員工就知道公司在五年內，還要再把應用程式銷售給五百家企業（換言之，每年要新增一百家客戶），市占率要提升二五％。有了這些分析，基層只要思考該怎麼做才能達成目標即可。

◉用數值化「正確」掌握問題內涵

目標與現實之間必然有落差（如果沒有落差，就表示目標設定有誤），而「解決問題」便是在彌補這個落差。

在商業現場被稱為「能幹」，是指在解決問題能力上出類拔萃的人。每家公司都或多或少有問題，所以解決問題能力，可說是行遍天下的通用能力。

走進書店，雖然商管書籍琳瑯滿目，主題包括「邏輯思考」、「溝通能力」、「談判話術」、「領導力」等，但它們都只能算是解決問題的方法之一。**要是沒有掌握問題本身的內涵，就算再怎麼磨鍊這些商管技巧，也是枉然。**不過在實務上，企業想解決問題，卻沒有正確掌握問題的案例卻多不勝數。我們必須先「可視化」當前的客觀問題。

因此，我們要運用數值化掌握問題的內涵。

我再次強調：**問題就是「目標與現實之間的落差」**。要釐清落差狀況，就只能

掌握目標與現狀之間的落差？

目的

運用資訊科技，讓所有上班族的工作更有效率

↓ 數值化

具體目標

5年後要將網路應用程式銷售給600家企業，
市占率達30%

↕ 落差 =

- 再把應用程式銷售給500家企業
- 市占率要再提升25%

（該做的事）

現狀

應用程式銷售：100家企業
市占率：5%

擬訂具體目標，再分析現狀後，就能找出「該做的事」。

運用數值化思維，別無他法。例如，是否離目標愈來愈近、距離目標還有多遠等，都必須以數字呈現，否則沒人看得懂。

而這也就是為什麼我會說上班族必須具備「運用數字、進行量化思考的能力」（自下一章起，我會更具體說明如何用數字找出問題的方法）。

POINT

必須提出「能用數字呈現的目標」，否則無從判定目標是否達成。

訣竅 4

將工作化為數字

◉任何工作都能數值化

各位已經明白公司整體的問題，要透過數值化思維了解。可是，個人層級的工作呢？業務部門還有數字可循，但行政部門（會計、人事和總務等）的工作，就不可能透過數字來掌握了——或許有些讀者是這樣想的。

我的確很常聽到「行政部門的績效無法以數字衡量，所以很難打考績」這類意見。不過，事實真的如此嗎？

或許行政部門操作起來確實不像業務部門那麼單純，但行政部門的工作績效，還是可以以數字衡量。**只要算出他們在該項業務上投入的時間、成本和人數等即可**。

我有個在當企管顧問的朋友，會記錄自己寫一本書要花多少時間。他說：「起初我寫一本書要花一百六十個小時，如今速度已經翻倍成長，八十個小時就能寫好。」書籍可透過銷量數字來掌握銷售績效；花在寫作上的時間也可藉由數字來計算。從這些數字就可看出，他的寫作速度的確因經驗累積而加快。

正因他留下紀錄，所以才能得知自己的寫作速度的確已經翻倍；也因為可以從紀錄中掌握寫作速度，所以他才能更有意識地鍛鍊自己的筆力。

懂得透過數字掌握工作績效，還能幫助我們管理個人的工作動機。

舉例來說，如果我們發現公司會計人員，製作每月財報資料的速度翻倍，那麼就可以拿來當成改善公司業務的標準。

人類很不可思議，只要看到具體的數字，就會萌生「再努力一下吧」、「下次要破這個紀錄」的念頭。

以寫書為例，有些人會把自己每天寫的字數記錄下來。這不是為了給任何人過目，且作者的收入也不會因為字數多寡而變動。然而，將一天的工作成果化為數字檢視之後，我們才會有「今天雖然辛苦，但還是要拚到和昨天差不多的程度」、「今天再加把勁，打破昨天的紀錄吧！」之類的想法。

◉說「我很努力了」，無法贏得肯定

上班族不論隸屬於哪個部門，都必須當責。若希望職涯發展獲得肯定，就必須懂得如何說明自己的工作績效。假使能在說明中，加入數字佐證，評分者也能更確切評價。

這是因為數字就是不論誰來看都一樣的客觀事實；而說出「我很努力了」，只不過是個人的主觀，旁人無從判斷當事人究竟朝目標推進了多少。

個人處理工作時也一樣。將目標和現實分別以數字呈現，就是解決問題的第一步。

如果你的工作無法用營收等數字來呈現績效，那就請你先了解公司的要求，希望你花多少時間、處理到何種程度的分量。接著，你必須將自己的工作表現化為數字，再與目標比較。

不過，從解決問題的觀點來看，這個目標可不是隨便選什麼數字都行。「我這個月已經加班六十個小時」、「我每天都到營業樓層一趟」的做法，或許對於了解自己「夠不夠努力」有幫助，但就客觀評價層面而言，看重的是員工是否持續朝目標推進的達成度。

如果你的主管對長時間加班給予肯定，那是設定「目標」有誤，工時過長並非好事。而管理職的任務之一是，為團隊設定恰到好處的目標，以便達成公司追求的目的。

有時公司明明就有整體的目標數字，但分配到各部門時，卻只叫大家「好好加油」。

「為了達到客戶六百家、市占率三〇%的目標，我們部門也要好好加油！」光是這樣提醒，大家根本搞不清楚該做什麼？如何加油？

「為達到客戶六百家、市占率三〇%的目標，我們部門要開發一百五十家新客戶，也就是平均一人十五家，換算成營收就是〇〇元，預算是××元……」

像這樣拆解公司整體的目標，再以量化形式呈現，每位員工就能更具體思考「還可以在哪些方面、如何耕耘，才能朝目標推進」。

POINT

只要仔細拆解目標數字，就能找出該做什麼事。

訣竅 5

用數字去除浪費

◉光說「別再浪費時間開會」，根本沒效

我們在進行某些提案時，數字能產生效益。

例如，向主管提報企畫案時，懂得用數字呈現企畫推動後可獲得的成效，這一點不可或缺。

只要我們能拿出有說服力的數字，縱然主管對這個企畫興趣缺缺，也很難表示反對。

在日常業務方面也是一樣。

若想改變業務處理方式，建議你不妨運用數字提案。只要仔細試算提案效益，製作出高度客觀的數據資料，那麼就算這次提案沒有通過，下次還可以再把數字拿出

來運用，而你也能坦然面對業務。

很多上班族對工作的不滿之一，就是「開太多沒有意義的會」。

「每週都要開會，但話題總是跳來跳去，結果毫無進展。為了開這種浪費時間的會，工作都沒處理，到最後還搞到要加班。真希望這些浪費時間的會都可以取消！」

大家都暗自懷著這樣的念頭。

所以，只要有人開口發難，指出這個問題，其他人就會跟著附和，說：「對啊對啊，別再浪費時間開會吧！」

可是，**最後卻什麼都沒有改變**。

大家忙了半天，最後就只以呼籲收場。

我看過很多次這樣的場面。

◉兩小時會議，花十二分鐘開完

樂天（Rakuten）集團的三木谷浩史社長就決定把會議成本降到八分之一，據說還真的做到了。

他先把會議的數量減半，又把與會的人數減半，接著再把會議時間減半。如此一來，成本就剩下二分之一的三次方，也就是八分之一。

光說要「減少浪費時間開會」，並沒有釐清「浪費時間」的定義。

所以，到頭來才會改變不了現況。

不過，只要一開始便不由分說地訂定出數字，就能消除浪費。

三木谷社長在著作中，也分享了下述的一則小故事：

他秉持「**不論什麼團隊，都能以現在的十倍速運作**」的信念，讓原本總要花兩個小時開的會，只用了十二分鐘就結束。

開一小時的會，真正用來判斷、決策的時間，恐怕不會超過五分鐘。而剩下的五十五分鐘，基本上都是拿來說明。既然如此，那些說明只要透過書面進行即可。

（中略）

起初似乎還是有些同仁感到困惑，不過這一套做法，後來運作得相當順暢。改用書面說明，釐清了許多口頭說明時的論述不足或模糊不清之處。而持續用這樣的方式開會之後，同仁的論述統整都進步很多，甚至還催生出副產品，那就是開會內容變得比以往更有意義了。

（三木谷浩史《成功的九十二項法則》，幻冬舍）

會產生這些成果都是因為三木谷社長設定了「用現在的十倍速工作」的目標，還提出了「把兩小時的會議縮短成十二分鐘」這個具體數字，才得以實現。**所以，只要妥善運用數字，避免開「浪費時間的會議」是可以消除的。**

除會議外，其實在企業組織當中，只要稍有鬆懈，就會出現各式各樣的浪費。建議你不妨參考樂天的案例，試著提報有效的改革方案。

POINT

縱然稍微蠻幹，只要明訂數字目標，人的行為就會改變。

Chapter 2

大略掌握「公司的數字」

具備數值化思維的人，
懂得拆解天文數字，
也就是將數字「分拆成小塊」來思考。

訣竅 6

不需要簿記知識

◉如何掌握「公司數字」？

說到「公司數字」，你會想到什麼？

是營收？員工人數？還是薪資？大家不一定會想起某個具體項目，但應該有許多人是聯想到財務報表（財報）。

在與經濟有關的新聞當中，描述企業狀況時，常使用「營收」數字。

「○×公司營收為兩百一十六億元。本期由於進軍△△市場，故以成長約一・五倍，也就是三百億元為目標」「○×公司去年度結帳數字出爐，營收為四百五十億元，和業界龍頭的△△公司約有百億元的差距」等。

這樣看來，「公司數字」的本質，就在於營收嗎？

事實上，對於絕大多數的上班族而言，**營收根本就是可有可無的數字**。

我們的確可從企業的營收多寡，大致想像它的規模。

然而，光看營收完全無法得知企業的經營狀況。營收是尚未扣除事業活動所需費用的數字，所以儘管企業的營收再高，最終仍可能出現虧損。

在公司的各項數字當中，只拿出一個像營收這麼龐大的數字，根本看不出經營的本質。

不過，即使我們想用心學習財報的判讀方法，也往往會受挫。

實際上，的確經常有人認為：「會計不就是搞懂簿記就行了嗎？」於是，便從借方、貸方開始研讀，卻在學會看財務報表之前，就卡關……

這些人都犯了重大錯誤。

那就是在不明白會計知識有什麼用處，而自己又是為什麼需要具備這些知識的狀態下，便懵懵懂懂地開始學習。

公司裡的會計承辦人員或主管，是為了編製財報而學。他們需要「簿記」的專業知識。

然而，很多上班族並非為了要當會計專家，所以**沒有必要學習如何編製財報**，只要懂得如何「運用」財報上的數字即可。

◉反映本質的數字有哪些？

舉例來說，以下這些時機都會使用公司的數字：

- 為了改善公司經營狀況，希望掌握經營現況（把握目標與現實的落差）
- 為了確認公司的業界定位，想了解競爭者的狀況時
- 為了確認對方是否值得信任，做客戶授信管理時
- 與主管或往來客戶交談時，透過加入公司數字，以提升內容可信度
- 找工作、轉換跑道時，用來確認徵才企業的經營情況

你是否確實了解自家公司的數字？

想做好經營管理，了解現況必不可少。誠如我在前一章所述，要掌握目標與現實之間的落差，就只能看數字，別無他法。

想在業界建立地位，當然免不了要調查其他競爭者。這時，查詢競爭廠商的數字，便顯得事關重大。

還有，客戶的授信管理也是透過數字進行。一般而言，企業之間的交易，是以彼此的信任為基礎，用「掛帳」的方式往來。通常企業不會在交付商品的同時就收到貨款，而是結算一個月的總金額後，才會收到一整筆款項，也就是所謂的「賒銷」（信用銷售）；同樣地，買方也會承諾「之後再一起結帳付款」，用掛帳的方式採購。

所以，要是在收到貨款前買方就倒閉，那麼賣方就要承擔損失，有時可能還會引發自家企業的經營危機。

有鑑於此，企業會評估客戶的付款能力，以判斷交易可以進行到何種規模，這就是「授信管理」。我想你應該可以明白，**若想衡量客戶的付款能力，光知道營收沒**

有意義。

不論選擇去哪裡上班或轉換跑道到哪裡工作，大家還是會想約略了解企業的經營狀況吧。畢竟我們都不希望原本以為「規模這麼大，可以放心」、「營收好像還在成長，沒問題」的公司，進去之後才發現經營狀況已是捉襟見肘，甚至薪水不增反減。

數字固然不是僅有的判斷標準，不過最悲慘的是到頭來只能大嘆：「事情不應該是這樣的啊！」所以，還是要多留意公司的數字。

還有，在開會、談生意等場合上，遇到「聽說A公司的營收比去年成長了三〇％」等話題時，若能以數字為根據，解說「這其實是有原因的……」，就能產生更有建設性的討論。

在很多企業當中，能提供這種數字觀點的人才，都成了深獲重用的關鍵人物。

由此可見，**真正有能力看懂「公司數字」的人才多麼稀缺**。

至於人才稀缺的原因，就如前所述，是因為太多人想從零開始學習會計專業，但很快就碰壁所致。

但是，要看懂以上羅列的「公司數字」本質，並不需要艱深的會計知識。只要明白觀察重點，根本用不著會計的專業知識。

那麼，「公司數字」的觀察重點究竟為何?本章將就此說明。

POINT

只要懂得看「公司數字」的必要重點即可。

訣竅 7 「營收增加兩千億元」真的很了不起嗎？

◉你是否看了「沒意義的數字」？

「門市遍布全國各地的休閒服飾品牌『有衣酷』衝業績！今年度營收七千億元，較去年成長兩千億」

聽到上述報導後，會覺得「有衣酷果然厲害，營收竟然一口氣增加了兩千億元，一般公司怎麼可能辦到！」的人，坦白說就是缺乏數值化思維。

具備數值化思維的人，不會光憑「營收從五千億增加到七千億元」的資訊，就覺得公司「好厲害」。因為這些多出來的營收，**或許只是門市家數成長**所致。

若前一年度的五千億元，是來自一千家門市的營收，而今年度的七千億，則源於一千四百家門市營收的話，那麼平均一家店的營收貢獻都是五億元。

況且展店需要成本，今年實際獲利表現說不定比前一年度還低。

再者，擴大事業規模本身固然值得肯定，但對經營是否會帶來正向效益，還是未知數。畢竟罔顧自身實力，快速擴張版圖，最後撐不下去的企業，也不在少數。

因此，**具備數字能力的人，會先把天文數字細分，也就是「分拆開來思考」**。這做起來並不難，就像養成習慣一樣。

●「與其在線上超市買，不如訂Oisix」的原因

新冠疫情升溫，食品宅配服務的需求大增。想必許多民眾因為防疫封控，在被迫避免外出的情況下，才開始利用線上超市。

在服務遍及日本全國各地的線上超市中，知名度最高的是「伊藤洋華堂線上超市」（Ito Yokado Internet Supermarket，資料出處為Supcolo公司所公布之〈線上超市調查〉），年營收為三百五十七億三千四百萬日圓（二〇二〇年三月至二〇二一年二月，僅為線上超市營收）。

而另一家Oisix Ra Daichi公司（簡稱Oisix），旗下有專營食品宅配服務的「Oisix」、型錄食品宅配服務的「守護大地會」，以及提供有機蔬食個人宅配的「Radish Boya」等品牌，年營收為一千億六千一百萬日圓（二〇二〇年四月至二〇二一年三月）。

Oisix的年營收是線上超市龍頭的近三倍。

光就營收數字來比較，的確會讓人忍不住想說聲「厲害」，但他們真正的厲害之處並非僅止於此。

Oisix的獲利率表現比其他線上超市出色。二〇一四年，Oisix奪下素有「商業界奧斯卡獎」之稱的國際商業大獎——史蒂夫獎（Stevie® Awards）銅獎，達成日本食品零售業的創舉。在營業利益平均約為〇．五%的全球食品零售業（線上）中，Oisix一枝獨秀，達到近五%的水準，商業模式因而受到大獎肯定。甚至在二〇二〇年四月到二〇二一年三月的營業利益更高達七十四億六千萬日圓，營業利益率又上升到約七．五%。各家線上超市業者看似生意興隆，實際上卻不見得都真的大發利市。

為什麼唯獨Oisix能一枝獨秀呢？因為它有別於一般的線上超市，採取的是會員制的經常性商業模式。

◉把營收分為「一次性」和「經常性」思考

觀察營收數字的重點之一，是將其區分成「一次性」和「經常性」。

一次賣斷的收入，我們稱為「一次性收入」；持續進帳的收入，則名為「經常性收入」。

舉例來說，若於興建大樓後出售的所得是「一次性收入」；若選擇出租，則租金所得就是「經常性收入」。**「一次性收入」是一次性的收益，並不穩定**。說不定這次賣出只是偶然成交，到了下個月可能完全銷路不暢。

而**經常性收入需要耗時等待，才能逐步收回投入的資金，但就長期而言，這樣的經營方式比較穩定**。這是細水長流、點滴累積利潤的商業模式，企業可輕鬆預估後續收入，要動用獲利做其他新投資也很方便。

經常性收入在營收中的占比愈多，就表示下個月可望賺得穩定收入。

近來，經常性商業模式如雨後春筍般出現，當紅的「訂閱制」（subscription）正是其中一例。包括以月租費形式，讓用戶盡情觀賞影音作品的「網飛」（Netflix）在內，流行服飾、汽車、軟體等各行各業都在搶攻訂閱商機。

Oisix也不例外。他們主要的業務服務是每週配送「定期蔬果箱」給會員，也就是採取持續購買型的商業模式，所以經常性收入是貢獻營收的一大要角。

不採用「隨時零賣單項食品」，而是大膽採行定期配送蔬果箱的機制，將向來占食品銷售業大宗的一次性收入，成功轉為經常性收入，希望以此追求穩健經營。

而一般線上超市的做法，則是顧客需要時才上網訂購想要的商品，請業者送到指定處所，所以是一次性收入所得。儘管各家業者的營收都因新冠疫情而呈現短期性的成長，但隔年是好是壞，誰都說不準。實際上，伊藤洋華堂線上超市二〇二一年的營收，就只有三百五十七億三千四百萬日圓，較前一年減少了一〇・一%。這顯然是因為防疫措施的調整，而出現了變化。

社群網站等網路服務也一樣，有時即使會員人數差不多，業者的營收結構卻大相逕庭。以免費供會員使用的服務為例，營收當然是來自廣告的貢獻，也就是業者招攬大量使用者之後，再向廣告主收取廣告費的操作模式。每筆廣告費的金額都相當可觀，但其實是不穩定的一次性收入。

一旦景氣變差，廣告主往往會刪減廣告預算，而這種仰賴廣告的營收模式就會受到重創。

反觀經常性營收就不會受景氣影響而突然衰退。企業只要多充實客製化的收費功能，建立穩定收費的機制，努力確保經常性收入就能穩定成長。

多觀察營收來源明細就能看出企業未來的發展是否穩健。

當我得到「某家企業的營收成長了多少又多少」的資訊時，會先思考「如果用一次性和經常性分類，何者居多」。如果營收成長來自一次性收入的貢獻，那麼下個月就不見得會一樣好。企業千萬別只顧著開心報喜，必須盡快思考下一步對策。

數字的分拆方法還有很多不同的技巧，這裡請先學會「營收可分為『一次性收入』和『經常性收入』兩種類」即可。

把收入分成兩類思考

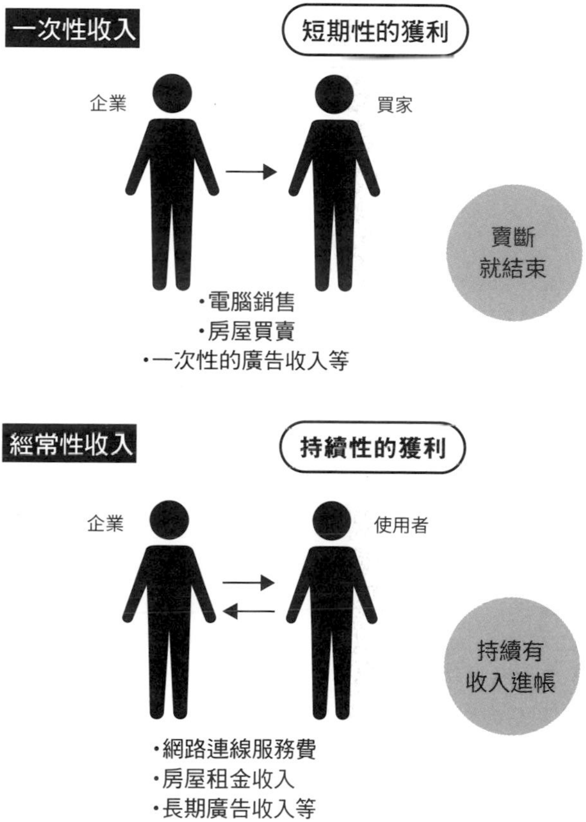

一次性收入大手筆，但不穩定；
經常性收入一成不變，卻很穩定。

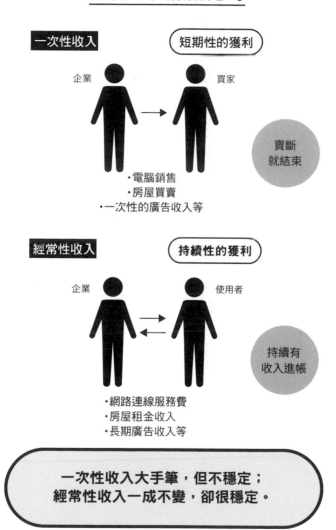

POINT

天文數字要先「拆解」，觀察其內涵。

訣竅 8

思考公司數字時，要先考慮「該解決的問題」

◉增加獲利的方法只有兩個

前面我提過，對數字很拿手的人會把龐大的數字拆開來思考。

針對「公司數字」，光看營收是增是減，無法掌握當前的問題，也無法應用在日後的經營上。

因此，我們在此處探討該如何拆解「公司數字」。

仔細想想，**每一家公司都會將「獲利極大化」視為使命之一**。既然如此，那麼「提升獲利」就是很重要的主題。

企業究竟該如何提升獲利呢？**方法只有兩個——增加營收或降低成本**。

獲利是用「營收－成本」計算出來的數字，這應該是簡單的算數問題。

接著，讓我們試著思考有哪些增加營收的方法。營收取決於「客單價×顧客數」，因此可以想到「提升客單價」、「增加顧客數」和「提高消費頻率」。而「增加顧客數」還可再細分成「開發新顧客」或「防止現有顧客流失」。

同理可證，客單價和消費頻率也都可以再繼續區分。例如，「調漲價格」、「設計吸引顧客選購高價商品的機制」、「鼓勵加購」等，應該都算是提升客單價的可能方案。

而在提高消費頻率上，如果是消耗品，可「提供更多元的使用場景建議方案」、「發展能讓顧客想起商品的機制」等。

具體手法固然會因公司或商品類型而有所不同，但不論如何，它們都可以不斷細分下去。

成本也一樣。**先把它分為固定成本和變動成本，再分別列出各項可撙節的元素。**

所謂的固定成本，就是不論營收多寡，都一定會發生的開銷，舉凡辦公室租金、人事成本等，就是屬於此類。而變動成本則是指與營收增減連動的開銷，例如商品的進貨成本、運費和交易手續費等。

◉用議題樹找出「真正的問題」

以「應解決的問題」為起點，推導出問題背後的諸多原因，再分析原因背後的原因何在……依序這樣寫下去，就會形成一張像樹一樣的圖，即所謂的「議題樹」（issue tree，請參照下頁），「issue」意指問題、課題。它是企管顧問在解決問題時很常用的圖表，我也頻繁使用這項工具。

議題樹的方便之處，是能幫助我們了解目前處理的課題，在眾多議題中的定位。用樹狀形式寫出問題發生的原因，會比只聚焦在問題上更容易提出解決方案。

議題樹是可用來解決各式問題的工具，但若是用在「公司數字」上，不論是希望解決何種問題**都要將「獲利」放在最頂端，而「營收」和「成本」則要放在第二層來思考。**

透過議題樹加強「問題根源」的意識

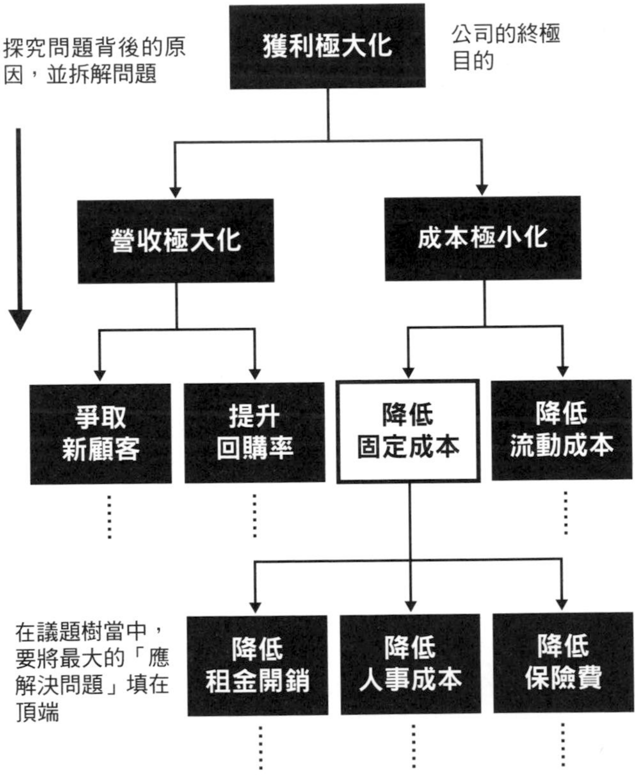

思考「公司的數字」時，
要將「獲利」填入議題樹的頂端。

即使會議的主題是「如何降低固定成本」，議題樹的頂端還是要從「獲利」開始寫起。原因無他，只因為公司的最終目的便是在尋求獲利。

乍看之下，或許你會覺得這樣做的效率很差。但就結果而言，先定出起點的操作效率比較好。

企管顧問內田和成在《論點思考》中寫道：「問題解決能力強的人，都是擅於設定論點的人。」

在職場上，沒人為我們預先備妥正確問題和解答。在問題設定上出錯的案例所在多有。因此，秉持「現在想解決的問題究竟對不對？還有沒有其他更該解決的問題？」的觀點，舉足輕重。

實務上，我也常在接受解決某項問題的委託後，找出了隱而未顯的「真正問題」，才發現該項問題的解方。

我認為需要一定程度的經驗累積後，設定論點的能力才能變得更高明。

不過，**單就「公司數字」而言，最該做的絕不是從「降低固定成本」著手，而**

是要以最根本的「放大獲利」問題開始，逐步往下拆解即可。

一旦我們有「反正壓低固定成本就行了」的念頭，就會看不到問題當中的其他元素，例如忘了考慮辦公空間縮減、人力緊縮後，可能引發「士氣低落」的問題。俗語說「撿了芝麻丟了西瓜」，企業因忽略問題的本質，而導致業績每況愈下的例子，屢見不鮮。

追根究柢，為什麼我們想降低固定成本呢？

如前所述，企業經營的前提是「追求獲利極大化」，所以我們才會將「獲利」設為議題樹的起點。面對問題，我們要懂得隨時抱持**「這次設定的課題背後，根本的問題究竟是什麼？」**的心態。

只要熟悉繪製議題樹，在看到龐大的數字時，就會知道該如何拆解。而在養成畫議題樹、拆解數字的習慣後，相信你一定能感受到自己發現「論點」的能力與日俱增。

POINT

觀察「公司數字」時，要以「獲利」為起點來思考。

訣竅 9

改換成「最小的數字」

◉試著用「平均單位」，拆解天文數字

接著，我們想想：除了議題樹之外，還有什麼「拆解數字的方法」。

「根據日本連鎖加盟協會的調查顯示，便利商店七大品牌在二〇二一年十二月份的營收為九千七百一十四億日圓」

看到這個數字，你有什麼感覺呢？

大家應該搞不清楚這數字到底是多還是少吧？

同時期的門市家數共有五萬五千九百五十家。

用前面的營收數字計算，單店平均營收約為一千七百三十六萬日圓。

你是否很訝異「一個月營收竟然有一千七百三十六萬」？再將此數字除以三十

便利商店營收狀況

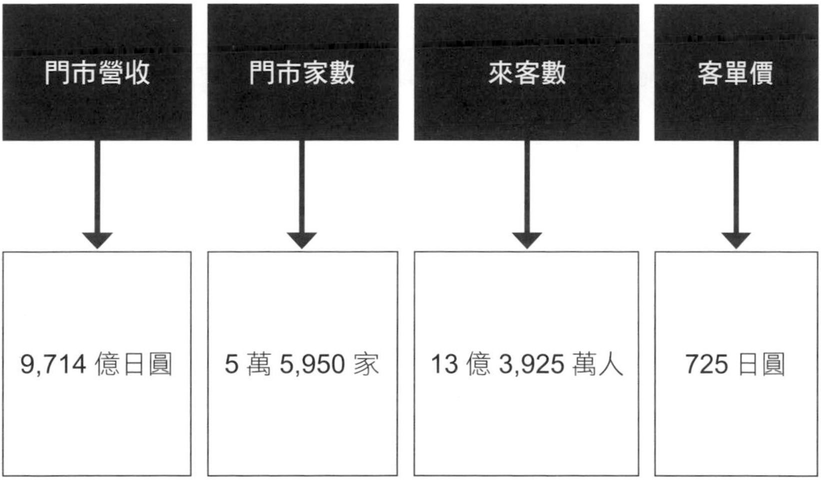

出處：〈JFA 便利商店統計調查月報（日本連鎖加盟協會）〉
（2021 年 12 月份）

天計算看看吧！

一千七百三十六萬日圓÷三十天＝五十七萬日圓

由此可得知單日平均營收是五十七萬日圓。

「算下來一天營收五十七萬日圓的話，好像差不多是這麼一回事……？」

接著，再試著用「來客數」算算看吧！

當月來客數為十三億三千九百二十五萬人。

九千七百一十四億日圓÷十三億三千九百二十五萬人＝七百二十五日圓

這樣計算可知，每位顧客的平均客單價是七百二十五日圓。

「這金額差不多是買一個便當和一罐茶水吧。」

原本單純的數字，看起來是否變得很有感呢？

像這樣把營收拆解成單店、單日或每人平均單價，數字就會變得很容易理解。

「日本政府負債一千兩百二十兆日圓！」聽到這個數字，大家實在不知道究竟是多是少。假如改成「相當於國民每人平均負債一千萬日圓」，聽起來就較能體會。

因此，即使是聽起來讓人摸不著頭緒的天文數字，只要拆解成小數字，就比較容易掌握它代表的含義。

至於要從數字當中獲得什麼，當然視情況而定。不過可以確定的是，數字拆解得愈小，愈能看出各種層面的資訊。

建議你養成習慣，只要看到無感的天文數字，就先拆解成小數字思考。

POINT

先試著將天文數字分拆成「平均單位數字」。

訣竅10

數字比較後才有意義

◉找出「可比較的數字」

實體門市型的公司可把公司整體營收計算成單店平均營收，其他公司則可化為平均每位員工所創造的營收，就可以比較。**單一數字不太有意義，要列出兩個以上的數字相互比較之後，才能多方應用。**

這裡我們要試著拆解便利商店的營收數字，做一番比較。

觀察主要連鎖品牌的年營收（二〇二〇年三月到二〇二一年二月），可得知第一名是7-Eleven的四兆八千七百零六億日圓，第二名為全家便利商店的兩兆七千六百四十三億日圓，第三名的羅森則是兩兆三千四百九十七億日圓。這幾個數字再怎麼比較，也看不出所以然來。

主要便利商店品牌營收比較

	門市營收	門市家數	單店平均營收	單日平均營收
7-Eleven	4 兆 8,706 億日圓	2 萬 1,114 家	2 億 3,068 萬日圓	63 萬 2,003 日圓
全家	2 兆 7,643 億日圓	1 萬 5,668 家	1 億 7,642 萬日圓	48 萬 3,369 日圓
羅森	2 兆 3,497 億日圓	1 萬 4,697 家	1 億 5,987 萬日圓	43 萬 8,017 日圓

出處：2020 年 3 月～ 2021 年 2 月財報資料

因此，我們試著計算這些連鎖品牌的單店平均營收，發現：7-Eleven是兩億三千零六十八萬日圓；全家則有一億七千六百四十二萬日圓；羅森是一億五千九百八十七萬日圓。看得出龍頭7-Eleven與全家、羅森之間，拉開了一大段差距。

我們再試著計算單日平均營收，也就是用單店平均營收除以三百六十五天，算出7-Eleven**一天的平均營收是六十三萬日圓**，排名第二的全家則有約四十八萬日圓，兩者相差十五萬之多。

這麼一來，我們才開始看懂各家業者的數字詳情，更彰顯了7-Eleven的堅強實力。像這樣操作，把營收化為小單位的數字比較，也才能從中找出「為什麼只有7-Eleven單日營收比較高」的觀點。

◉養成「分拆」和「比較」的習慣

比較每人平均生產力的高低也是一個方法。

讓我們看看日本知名的網路服務業者——賽博艾堅特（CyberAgent）和迪納

（DeNA）兩家公司的數字。

首先，賽博艾堅特股份有限公司從二〇二〇年十月到二〇二一年九月的營收是六千六百六十四億日圓，營業利益為一千零四十三億日圓。所謂的營業利益是用「營收總額」減去「銷售成本與人事成本、廣告費」等銷售所需的開銷後，算出來的金額。這個數字中，不包括企業在財務操作等本業之外的獲利。也就是說，**它呈現的是企業在本業上究竟賺了多少錢**，因此，若想觀察企業在生產力或營運效能的表現，就要特別關注「營業利益」這個數字。

迪納公司在二〇二〇年四月到二〇二一年三月的營收是一千三百六十九億日圓，營業利益為兩百二十四億日圓。光列出這些數字，可能還看不太懂箇中端倪。

那麼，讓我們來看看這兩家企業的員工人數。賽博艾堅特的員工人數是一千五百八十七人，迪納則有兩千一百八十三人（二〇二二年一月時的統計數字）。

試以「營收和營業利益」除以「員工人數」：

賽博艾堅特

平均每人創造的營收：四億一千九百九十一萬日圓

平均每人創造的營業利益：六千五百七十二萬日圓

迪納

平均每人創造的營收：六千兩百七十一萬日圓

平均每人創造的營業利益：一千零二十六萬日圓

這樣一比較，就看得出兩家公司截然不同。以這段時期的營業利益來看，賽博艾堅特公司每位員工的平均生產力，是迪納的六倍以上。

賽博艾堅特的營收和獲利之間，落差相當大，顯示他們在很多方面都投注了成本，應該也在新服務等項目上挹注了資金。只要和前、後年度的數字相較，應能看出企業投入資金後的效果。

如同此案例所示，數字要和其他企業多比較，才能看出箇中巧妙。而比較同一家公司過去和現在的數字表現，也很重要。例如，生產力究竟是成長或衰退，一比就看得清清楚楚。

前面談了這麼多「公司數字」，在此簡單彙整。

觀察公司數字時，「分拆」和「比較」的工夫事關重大。

「分拆」的方法有二：一是以獲利為出發點，將企業資金進出分為「營收」和「成本」，再分別依「固定」和「變動」進行拆解，就如同畫議題樹那般；其二則是將營收、獲利分拆，得到每人（每家門市）的平均數值。

數字分拆完成後，接著要做的是「比較」。**比較天文數字，很難看出什麼頭緒；但若是分拆過的數字，就可透過比較找出問題或結果。**

至於比較的對象，則可以是「其他公司」或「自家公司以往的表現」。即使不具備會計知識，這樣的比較應該也難不倒你吧？

POINT

和「其他公司數字」或「自家公司以往的數字」比較，以便掌握數字代表的含義。

訣竅 11

在日常習慣中，磨鍊數值化思維

這裡我針對「如何培養數值化思維」補充說明。

怕數字的人也不擅長「記數字」。如果記不住數字，當然無法妥善運用數字。

比方說，我們可以用「一家一隻」這個句子來想一想。

◉「一家一隻」總共幾隻？

假如以家戶為單位，每一家配發一隻哆啦A夢機器貓，請問總共需要多少隻？

擅長運用數字的人，馬上就能概略地想像：「日本全國約有一億三千萬人。我雖然不知道總共有多少家戶，不過印象中單身族和四口之家好像比較多，平均算起來差不多是二．五人。用一億三千萬除以二．五，就可算出五千兩百萬家戶，所以哆啦A夢約需要五千兩百萬隻」（根據人口普查統計，二〇二〇年日本約有五千五百萬家戶）。

不過，怕數字的人思考就會停留在「我不知道日本有多少家戶，所以算不出總共需要多少隻」的階段。

甚至還有人可能連日本人口數都不記得，完全不知道該從哪裡切入思考。

我覺得對數字心懷恐懼的人，往往有凡事要記得「正確無誤、滴水不漏」的傾向。

所以，假如他們看到「日本人口為一億兩千五百五十五萬九千人」」（二〇二一年九月統計數字）的數字，就打算這樣直接把數字塞進腦袋裡；接著，又覺得計數字麻煩；最後，又發現自己記不起來。

記數字時，別太在意枝微末節，只要約略就好。

之所以出現「日本人口為一億三千萬人」也是同樣道理。我還記得剛才介紹過的日本全國便利商店門市家數約五萬五千家。我會把這類數字也記起來，是因為當我聽到其他門市數時，就能有所比較、感覺，能大致想像。

比方說，日本的牙科診所有六萬八千零五十一家（出自厚生勞働省的「醫療機構動態調查〈二〇二一年三月底概數〉」）。光看這個數字，一時之間不清楚究竟是高是低。不過，只要記住「便利商店有五萬五千家門市」的指標數字，就會覺得「牙科診所怎麼那麼多」！

至於職業方面，我是以稅理師（登記有案的人數）約八萬人當成指標數字。一方面是因為我提供了專為稅理師所設計的服務，再者則是因為這個數字最容易想像。

建議找幾個容易想像、方便記憶的數字當成指標，只要記住大略的數字即可。

在下頁中，我列出了幾個適合當成指標的數字。

記住方便好用的數字

日本國內生產毛額（GDP）

540兆日圓

日本人平均年收入

總平均：433萬日圓　男性：532萬日圓　女性：293萬日圓

日本工作年齡（15~64歲）人口

2020年：7,600萬人　2065年：4,500萬人

廣告投放金額

廣告投放總金額：6兆日圓

電視廣告：1兆6,000億日圓　網路廣告：1兆2,000億日圓

企業營業額（年營收）

優衣庫：1兆7,700億日圓

麥當勞：5,890億日圓

任天堂：1兆7,589億日圓

業界市場規模（年銷售額）

汽車業界：57兆日圓　餐飲業界：25兆日圓

便利商店業界：10兆日圓　出版業界：1.5兆日圓

為了迅速對潛在顧客或企業規模有概念，
先記住各種「指標數字」。

以上數字皆為概數。平均年收入出自2021年日本國稅廳調查；工作年齡人口出自日本總務省「住民基本台帳之人口、人口動態與家戶數（2020年1月1日統計數字）」與2017年日本國立社會保障、人口問題研究所的推估調查；廣告投放金額出自日本電通廣告公司2020年的調查；企業營業額則出自：日本迅銷股份有限公司（2020年9月至2021年8月）、日本麥當勞控股公司（2020年1月至2020年12月）和任天堂股份有限公司（2020年4月至2021年3月）年報；業界市場規模則依各業界之調查資料。

◉國稅局稽查官都會養成的習慣——「數值化思維訓練」

我再介紹一種培養數值化思維的方法。

我在日本國稅局上過班，擔任稽查官。

國稅局稽查官很擅長檢視企業財報，並找出異常之處，因為我們都受過這樣的訓練。

「有這麼大的事業規模，營收數字卻是這樣，好像有點不對勁。」

「毛利（營收減去成本後的利潤）突然縮水了欸……」

諸如此類的行為就是企業不想多繳稅而在財報數字上動手腳，就是所謂的「隱匿財報」。不過，只要企業在一個地方動過手腳，其他數字也會受影響，變成一份「可疑的財報」。

這裡我要談的，倒不是怎麼揪出可疑的財報，而是國稅局稽查官都在做的「計算商家營收」的訓練。

國稅局稽查官經常在正式調查前，假扮成顧客，走訪被列為調查對象的商家。**比方說要查居酒屋，就會實際點幾樣酒水、小菜，檢視營業狀況**。這樣就能掌握店家的座位數、客單價和翻桌次數。

我們會在店裡吃吃喝喝，一邊約略估算出：店裡有四十個座位，客單價三千元，一天翻桌一．五次等。

有了這些資訊，就可以計算出單日平均營收。以這家店為例，單日營收是四十個座位×三千日圓×一．五次翻桌＝十八萬日圓。餐廳的一般毛利行情是七〇%，因此就可用十八萬日圓×七〇%，算出這家店一天的毛利是十二萬六千日圓。

如果以一年營業三百天來計算，年營收就是三百天×十八萬日圓＝五千四百萬日圓，毛利則是五千四百萬日圓×七〇%＝三千七百八十萬日圓。

我們會這樣在現場估算營收和毛利，並和財報上的數字比對。或許看在商家眼中，我們是不受歡迎的奧客，但我就是這麼學會了一套估算方法。

各位讀者不是國稅局稽查官，或許不用看企業財報來核對自己估算的答案。不過，我想只要養成這種模擬試算的習慣，在日常生活中多多磨鍊對營收、獲利的敏銳度，**就能對自己工作相關的獲利數字更有概念**。如果你下班後要先到店家消費才回家，不妨從今天開始，就試著練習估算。

POINT

在各領域都記住一個大略的「指標數字」。

Chapter 3

將「數字魔力」發揮得淋漓盡致

事實只有一個，
但只要調整數字的呈現方式，
給人的印象就會截然不同。

訣竅 12

直覺常常出錯

● 「蒙提霍爾問題」教我們的事

前面我闡述了運用數字能讓我們看見原本看不見的事物，以及由於數字是客觀的，所以也很有說服力等的概念。

在職場上，不能只說聲「我總覺得是A比較厲害」、「B看起來比較好」，就憑直覺決定。憑著一股衝動，心想「管他的！」就貿然下定論，到時候萬一結果不如預期，就無法記取失敗教訓，應用在下次的機會上。而只要懂得運用數字，我們就可主張「一切都有客觀根據，不是憑直覺」，後續也可再驗證成效。

然而，有時大家反倒會被數字矇騙，這是指我們**在看到數字當下，直覺上以為正確的事，到頭來卻與量化事實有落差**。

讓我們試著解答連數學博士、大學教授，都曾答錯的知名問題。

眼前有三道門，其中一扇門後有豪華大獎，剩下兩道門後是銘謝惠顧，請選一道門，而且只能選一個答案。

請問選中豪華大獎的機率是多少？

到這裡為止還算容易，答案是三分之一，我想大家應該都不會有異議。**接下來，才是這道題目有意思的地方**。

在你選了一道門之後，知道正確答案的主持人，打開了其中一扇門，並透露這道門後是銘謝惠顧。換句話說，豪華大獎就落在你選的那道門，或是剩下的那道門後。這時主持人說：「你確定要選這扇門嗎？要不要換？」

你會怎麼做呢？

多數人都會回答「維持原案，不更換」。**因為，大家覺得其中一扇銘謝惠顧的**

為什麼更換選項比較好？

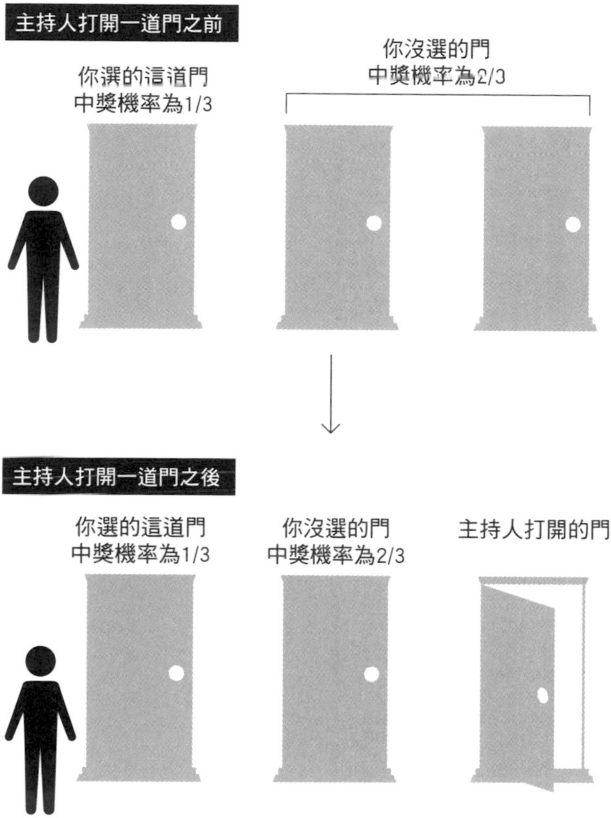

主持人從「你沒選的那些門」當中選了一道門打開後，豪華大獎出現在「你沒選的那些門」的機率，仍舊不變。

門已經揭曉，所以自己答對的機率，已從三分之一上升到三分之二……這不就是一種直覺嗎？於是，人們認為：「很好，我選的這扇門是正確答案的機率上升了，那就維持原案吧！」

這種時候，如果有人憑直覺說出「我要更換選項」，那就太了不起了！**其實改選另一道門，答對的機率比較高**。

●機率百分之一時，該怎麼選？

一開始你選門時，中獎機率只有三分之一。也就是說，你「沒選的那兩扇門」中獎的機率是三分之二，即使「你沒選的那兩扇門」中有一道被打開了也一樣，這個機率不會改變。

所以，如果有機會重新選擇，當然是改選原本「沒選的那兩扇門」比較好。因為正如我再三強調的，選它的中獎機率是三分之二。

這個題目只有三道門，比較難看出箇中奧妙。讓我們把題目設計得極端一點來測試。

你眼前有一百道門，其中一扇門後有豪華大獎。在你選擇其中一道門的當下，中獎機率是百分之一。而「你沒選的九十九扇門」的中獎機率則是百分之九十九。接著，主持人從「你沒選的九十九扇門」當中，一連開了九十八道門，直到剩下最後一道門為止。這時，主持人開口問：「你確定要選這道門嗎？要不要換？」……

你會怎麼抉擇呢？在這個情況下，你是否直覺認為「換個答案比較好」吧？

實際上，**在「你沒選的那些門」當中，那唯一一道孤伶伶、緊閉的門後，放有豪華大獎的機率高達百分之九十九**。

這是以在美國紅極一時的電視節目《做個交易吧！》（Let's Make a Deal）中、實際進行過的遊戲為基礎，所發展的一道題目，後來大家便借用節目主持人蒙提．霍爾（Monty Hall）的名字，稱之為「蒙提霍爾問題」或「蒙提霍爾的兩難」。

這道題目，經常被用來當成「直覺認為正確的答案，和邏輯上正確的答案並不同」的絕佳範例。

◉玩骰子賭單雙時，要押「雙」比較有利!?

似乎很多人都很怕機率問題。

我們再來看看以下的例子。這是在日本時代劇裡，常見的賭骰子「開單？開雙？」機率問題。

江戶時代曾出現名叫「賭單雙」的骰子遊戲，由莊家擲兩顆骰子，讓大家賭骰子的加總點數是偶數或奇數。據說當時坊間盛傳，押代表偶數的「雙」比較有利。

這是因為當時民眾認為要擲出偶數，有「偶數＋偶數＝偶數」和「奇數＋奇數＝偶數」兩種組合；但要擲出奇數，就只有「偶數＋奇數＝奇數」這一種組合的緣故。

成數值化能力的。

二十幾年了，真的覺得數值化思維是很重要的職場關鍵能
很厲害的工作者，他們對數字的敏感度真的比一般的工作者
且解決問題的邏輯思考能力也會很不錯。

些概念，我也常常拿來訓練企業同仁的問題分析與解決的能
竅 15〈一看到「平均」就要深究〉提到，不要只看平均值，
還有在第 4 章「改變工作思維的九大定律」的訣竅 20，運
則等，這些都能改變工作者的思維良率。

三本書《高效工作者的問題分析與決策 - 國際 PJ 法》、《思
《思維的製程》，其實都與提升數值化思維有關。**如果你想**
工作與生活的一切，我強烈推薦本書。只要學會這些方法，
維就會大幅提升。

值化思維，幫你改善人生

林長揚（簡報教練／暢銷作家）

部分朋友都曾說：看到一堆數字就很頭痛，甚至連理科領域
；我猜大概只有會計師朋友覺得數字平易近人吧。而大家的
下：「數字太冷冰冰了，沒有感情！」、「感覺一堆數字跟
「不懂數字代表的意義」等。

想法也跟大家一樣，總覺得數字好煩，但後來卻發現「掌握
們許多忙。

流行的自由工作者來說，數字能幫上忙的地方就很多，像是
善工作效率、跟客戶達成有效溝通等。

察，許多人在跟客戶討論交付期限與報價時，很常用記憶或

感覺來判斷，例如「我上次做的類似案子好像花了多久時間而已」
其實很不準確，因為人的記憶與感覺容易產生偏差，結果就會錯估
變得常常在燃燒生命趕工作，做完卻又覺得好像虧本。這樣的情況
生一兩次還好，不過如果常常發生或一次擠很多案子，出包的機率
能大增，對自己或客戶都將是一場災難。

若要改善這種困境，光是記錄準確的工時就會產生很大的改變
詳細的工時數字，你就能評估每個案子的成本與利潤，跟客戶討論
費用、時間，也能有量化且清楚的標準，讓雙方都能在具良好的背
與基準點下進行討論。

隨著數值化紀錄與經驗的增加，你甚至可以快速判斷哪種案子
接、哪些絕對要避開，不僅節省精力，又能提高收入。而且，如
「工時」拆解得細一點，像是發想、製作、調整、開會各用了多少
就能找到可改善之處，提高自身效率。這麼做可以讓你享有更多
間，而不會落入每天都泡在工作裡、沒有上下班區別，成了根本不
自由工作者。

如上所述，數字可以提供客觀且一致的基準點，讓我們做任何
朝正確的方向努力，是不是很棒？

而除了自由工作者，在職場拚搏的人也是如此。例如，開會要
案時，比起只說「我覺得〇〇〇方案比較好」，倒不如說「根據過
錄與分析，〇〇〇方案可以節省 40% 的時間、30％的經費……」
數值化思維的做法，能讓與會者都清楚知道每個方案的具體優缺點
提供主管有下決定的依據，這不但能讓會議快速進行，也能提升你
與同事心中的專業形象。

除了開會之外，數值化思維對職場的助益與運用的祕訣，通通
書中，我就先不贅述，留給你自己去發現與實行。

我相信**理解並利用數值化思維能讓我們節省精力與時間，而這正是人**
稀缺的資源。如果你目前還對數字避而遠之，不如給自己一個機會，
讀本書開始，讓數字幫你改善人生吧！

序⑦ 高效問題解決力，聰明活用數值化思維

鄭俊德（閱讀人社群主編）

現在幾點幾分？你花了多少錢吃早餐？現在體重多重？身高多高？血
是多少？你賺、存了多少錢？這一連串的提問，彼此雖互不相干，但
的共通性就是都需要以「數字」表示。

數字幫助人類能夠計算、記錄、計時，更是因為透過數字表達，人們
有了商業往來，也同步帶動人類文明發展；甚至可以這麼說，如果沒
字，這世界將難以前進。

數值化思維對於個人和組織都非常重要。在個人層面上，它可以幫助
理解自己的財務狀況，例如收入、支出、儲蓄等。對於企業來說，它
營運決策的基礎。在當今的數字時代，**數值化思維不僅是基本技能，**
競爭優勢。

本書所要傳遞的價值就是「高效問題解決力」，它幫助讀者提高數值
維，並透過這種力量來解決問題。書中介紹了許多關於如何應用數值
維技巧和工具，以及如何使用數字來提高工作效率和效果。

例如：訣竅 15〈一看到「平均」就要深究〉指出，平均值背後所代表
字含義。從學理來看，0 和 10 的平均值是 5，4 和 6 的平均也是 5；
商業的視角上，含義卻是不同的。訣竅 16〈與其用「A、B、C」分
不如多談「百分比」〉則闡述這樣做就更能了解進度，並能針對成效
更好的管控。此外，如果要拉高開會成效，可透過數值化思維來管控
（訣竅 05 的〈2 小時會議，花 12 分鐘開完〉）；追蹤上次開會的數

推薦序① 重拾數字自信，打造職場的必備能力：數值化思維

黃昭瑛（KKday營銷長）

在現今職場中，不論是要跟主管提案、跨部門推動專案，或者帶領組織成員往同一個方向前進，都需要最基礎的數值化思維能力。

若具備數值化思維，可以剝開細節與數字脈絡，找出關鍵問題，對症下藥；在組織溝通的過程中能更具體化自己的論述。舉例來說：「舊客人回購真的很重要，要做好會員經營、體驗要做好，這樣客人才會一直回來購買我們的服務。」但如果改成：「我們需要讓舊客人回購提高 30%，如此一來可節省獲取訂單的行銷成本 xxx 元，獲利才能達成今年的數字，也才能達到年度成長 30%的目標。」兩者相較，後者有數字論述的說服力會大增，為了做好舊客人回購，相關部門的協作專案推動也能更有效。

企業競爭在面對外界環境變動下愈來愈劇烈，擁有數值化思維可快速找到機會，並且知道要從哪裡著手達成目標。本書有案例說明，也列出了幾大訣竅，可以幫助沒有數字觀念、從小看到數字或財報就想睡覺的你，可以更好入門，倘若能從幾個書中重點試著在日常生活中實作，慢慢來一定會有進步。

若你完全沒有數字基礎，也可以試著從第 2 章的訣竅 8 開始。這篇從「企業獲利極大化」為案例展開討論，跟所有職場工作者面對的企業挑戰較為一致。「增加營收、降低成本」幾乎是工作上天天都會聽到的企業目標，但怎麼將兩者展開、與你的工作目標呼應與連結，大家可以閱讀此處

的圖表與說明；看完就能揣摩，試著做出自己公司、部門的版本。你很快便可發現，主管每天耳提面命、交辦的工作任務且一直盯著你完成的項目，是呼應這個章節的哪一個段落了。原來你一直在為這個重要的企業目標獲利而努力，只是不一定知道自己的貢獻在整體數字上有多大。如果知道了，也計算得出來，或許你還能找到更有效率、更有產值的方法，最後對整個組織更有貢獻呢！

現今的職場環境，幾乎沒有人會想待在同個工作一輩子，所以轉職時很多能力都需要重新來過、打掉重練，但**數值化思維卻是各行業工作者都需要具備的基礎能力，且愈是高效工作者，愈需要藉數字抽絲剝繭，明快找到可行途徑，並且展開行動與內外協作**。

所以，別再說自己對數字不靈光、我的強項是文科了！透過這本書，你也可以重拾對數字的信心，並且透過生活與工作的實踐，培養數值化思維的自信。

推薦序② 電商業者的數值化思維分享，讓你工作、生活都更清晰

李忠儒（戀家小舖創辦人）

電商創業近二十年來，我早已是個不折不扣的數字工作者。對電商從業人員來說，數字就是一切工作的基礎，看流量、看轉換率、看客單價，分析客戶停留時間，檢查跳出率等。

在電商數字工作者的腦海中，一個月的業績會被分成月初、月中與月底三階段看待，而每天的業績還會再被細分為凌晨、早上、中午、下班時段與晚間高峰期來分析。在不同時間區塊中，我們該拿什麼數字跟什麼數字比較都是有所依據的。

我們沒辦法接受「流量好」這樣模糊的說法，而是必須指出：好是多
好？我們要以具體數字表達，這個時段的平均進站流量是
好或差，都要推測出原因，而數值化思維就是幫助你判斷

業績好是因為轉換率變好嗎？那變好是指程度變多好
道的流量轉換率變高？高又是高多少？上述數字表現上有
必要進一步分析？這都是我們要留意的。

這樣的工作風格也滲透進我的生活，我習慣數值化生
而且深知這樣執行的好處。當你習慣將事物數值化時，
「清晰」，在他人眼中可能隔著層層迷霧的景象，在你眼
視本源。

很多人對數字感到害怕、心生抗拒，但本書卻能幫助
地建立數值化思維。**在同類型的書籍中，我很難得見到一
這麼流暢與平易近人，非常推薦給每一位想讓人生活得
友**。

推薦序③ 打造你的數值化思維，做好溝通
做對決策沒煩惱

劉奕酉（鉑澈行

這個世界，數據無所不在。簡單來說，你睜開眼看到
都可以轉化為數據，就像機器所看到的世界。

當我們驚嘆於人工智慧所能做到的一切時，其實這
到，只要懂得將大腦轉換為數據思維的模式，用數據來思
問題。

要如何打造數值化思維腦呢？只要培養數值化思維，
思考、表達與解決問題。

微軟創辦人比爾．蓋茲曾在自己部落格上的一篇文章
養的重要性。他說數據素養是當今世界上最重要的技能之一，因為數據在我們的生活中扮演了愈來愈重要的角色。什麼是數據素養呢？就是讀取數據、用數據工作、分析數據並用數據溝通的能力。

這也就是本書中所提到的數值化思維。比爾．蓋茲認為，具備數值化思維的人將會在未來取得成功。

- 當你懂得用數字來思考，就可以避免邏輯上的偏誤、擺脫思考盲點。
- 當你懂得用數字來表達，就可以讓溝通更好理解、輕鬆展現說服力。
- 當你懂得用數字來解決問題，就可以讓每個決定更加合理化、也能衡量成效。

管理學大師彼得．杜拉克說：「你無法管理無法量化的事物。」這句話說明了數值化思維最核心的價值，而當你真正體驗到數字的魅力時，怎能不愛上它？

你可以不懂會計、經濟或統計這些與數字相關的專業知識，甚至不需要知道如何計算出正確數字，反正有許多友善、直覺的數位工具可以幫你搞定這一切。但是，**做好管理、做對決策，是每一個人都不可避免的挑戰，懂得如何將數字做為決策依據，或是用數字向他人展現決策的可行性與價值，將會是職場最看重的能力之一**。

總結來說，具備數值化思維能為你帶來許多優勢。

而我自己感受最深刻的、最有價值的，就是**數值化思維的養成讓我更好地掌握商業的本質、商業問題的數據脈絡**。比方說，看到營收不如預期，我可以馬上梳理出營收背後的數據脈絡，藉此得知是哪些因素造成營
收不如預期？我又應該如何採取哪些行動，才能讓營收往
變？

諸如此類的案例，在生活與工作中不勝枚舉。但是，你
惑：「我的數學不好，是不是就無法培養與提升數值化思維
一種誤解。數值化思維就和邏輯思考或簡報能力一樣，是只
任誰都能培養出的技巧之一。

作者也特別強調，即使是覺得自己怕數字的人，也能輕
書中的技巧。本書提及許多活用數字的實用技巧，包括如何
數字、運用數字經驗法則來做出不後悔的判斷、讓你的決
等。

**如果你已經厭倦看到太多的理論與方法，只想知道能快
實用的數值化思維技巧，我想這本書挺符合你的需求！**

推薦序④ 讓數字成為職場溝通的共通語言，在

蘇書平（先行

**數值化思維已成為職場人士晉升主管和加薪的重要能力
的溝通內容更加清晰易懂，並幫助你更有效地達成工作成果**

年輕時，我曾有多次擔任空降主管的經驗，由於自己在
字無知，因此感受到巨大的工作壓力。當時，我不知道如何
去證明自己的努力。每次開會，我的回答總是「我很努力」
詞並不能得到別人的尊重，而部門同事每天加班也得不到肯
開始透過 EXCEL 報表分析，讓數字成為跨部門溝通的共同
避免直屬或其他部門主管、同事認為我的建議只是基於個人

這種新能力讓我開始能在公司站穩腳跟，不會因為年
略。當我開始學會透過數據與前後比較，以支持自己推動的

偶數＋偶數＝偶數
奇數＋奇數＝偶數
偶數＋奇數＝奇數

⇩

出現偶數的組合數量是出現奇數組合數量的兩倍，
所以「偶數」比較有利？

還有另一種想法如下。骰子點數合計為偶數，有「二、四、六、八、十、十二」六種；但由於兩顆骰子擲不出合計點數為「一」，所以能擲出奇數的只有「三、五、七、九、十一」五種情況。

你覺得呢？

以直覺來想，我想大家應該認為這道題目是「各有二分之一的機率」。但看過前面這一番說明，是否有人覺得「這樣聽起來，雙（偶數）好像比較有利」？而差點被拐走呢？

不論單雙，機率當然都只是二分之一。

因為擲兩個骰子，實際上會出現的，就只有下面這四種組合。

骰子A	偶數	奇數	偶數	奇數
	＋	＋	＋	＋
骰子B	偶數	奇數	奇數	偶數
	＝	＝	＝	＝
	偶數	偶數	奇數	奇數

出現偶數的機會，和出現奇數的機率都是四分之二，也就是二分之一，對吧？

把所有數字組合都列出後看看就知道，擲得出數字總和為「二、四、六、八、十、十二」的，在三十六種組合當中有十八種；而擲得出數字總和為「三、五、七、九、十一」的，在三十六種組合當中也有十八種。

兩者的機率都是二分之一。

所以，**憑直覺想出來的數字常會出錯，街頭巷尾討論得煞有其事的道理也常有差池**。怕數字的人，往往不懂得進一步思考，就倒向簡單易懂的數字來判斷。因此，

兩個骰子點數的總和

	⚀	⚁	⚂	⚃	⚄	⚅
⚀	②	3	④	5	⑥	7
⚁	3	④	5	⑥	7	⑧
⚂	④	5	⑥	7	⑧	9
⚃	5	⑥	7	⑧	9	⑩
⚄	⑥	7	⑧	9	⑩	11
⚅	7	⑧	9	⑩	11	⑫

圈起來的數字是雙（偶數），
單、雙各有18種組合。

這群人會發生輕易接受「為特定立場而捏造的數字」。

在本章當中，我的目標是希望各位不要被街頭巷尾談論數字的「表象」所蒙蔽，**要懂得表達數字的訣竅，進一步把它當成說服他人的材料**（提醒一下，這並非指用數據來騙人）。

POINT

刻意對「直覺認為正確」的感受，抱持懷疑態度。

案子好像花了多久時間而已」。但這
容易產生偏差，結果就會錯估；最後
又覺得好像虧本。這樣的情況若只發
一次擠很多案子，出包的機率就很可
難。
確的工時就會產生很大的改變。有了
子的成本與利潤，跟客戶討論期限與
準，讓雙方都能在具良好的背景知識

你甚至可以快速判斷哪種案子一定要
，又能提高收入。而且，如果你把
製作、調整、開會各用了多少時間，
。這麼做可以讓你享有更多自由時
沒有上下班區別，成了根本不自由的

一致的基準點，讓我們做任何事都能

的人也是如此。例如，開會要決議提
比較好」，倒不如說「根據過去的紀
的時間、30%的經費……」。**採取**
楚知道每個方案的具體優缺點，也可
讓會議快速進行，也能提升你在主管

的助益與運用的祕訣，通通都在本
現與實行。

我相信**理解並利用數值化思維能讓我們節省精力與時間，而這正是人生最稀缺的資源。如果你目前還對數字避而遠之，不如給自己一個機會，從閱讀本書開始，讓數字幫你改善人生吧！**

推薦序⑦ 高效問題解決力，聰明活用數值化思維

鄭俊德（閱讀人社群主編）

現在幾點幾分？你花了多少錢吃早餐？現在體重多重？身高多高？血壓又是多少？你賺、存了多少錢？這一連串的提問，彼此雖互不相干，但其中的共通性就是都需要以「數字」表示。

數字幫助人類能夠計算、記錄、計時，更是因為透過數字表達，人們開始有了商業往來，也同步帶動人類文明發展；甚至可以這麼說，如果沒有數字，這世界將難以前進。

數值化思維對於個人和組織都非常重要。在個人層面上，它可以幫助人們理解自己的財務狀況，例如收入、支出、儲蓄等。對於企業來說，它則是營運決策的基礎。在當今的數字時代，**數值化思維不僅是基本技能，也是競爭優勢**。

本書所要傳遞的價值就是「高效問題解決力」，它幫助讀者提高數值化思維，並透過這種力量來解決問題。書中介紹了許多關於如何應用數值化思維技巧和工具，以及如何使用數字來提高工作效率和效果。

例如：訣竅 15〈一看到「平均」就要深究〉指出，平均值背後所代表的數字含義。從學理來看，0 和 10 的平均值是 5，4 和 6 的平均也是 5；但在商業的視角上，含義卻是不同的。訣竅 16〈與其用「A、B、C」分級，不如多談「百分比」〉則闡述這樣做就更能了解進度，並能針對成效進行更好的管控。此外，如果要拉高開會成效，可透過數值化思維來管控時間（訣竅 05 的〈2 小時會議，花 12 分鐘開完〉）；追蹤上次開會的數據成效，運用數字定義行動方針與目標結果（訣竅 2 的〈你的討論是否沒有數字依據？〉）。

若你是一位業務，靠獎金來賺取報酬。當你發現自己每個月都不夠花用，還需要拿過去的積蓄來補貼，並透過信用卡借款才能夠支付部分生活開銷時，要解決這種窘境，更需要透過數值化思維來自我檢視。

掌握數值化思維可以從開源節流角度去解析。節流是指縮減生活（食衣住行育樂）的開支，透過記帳檢視最大筆開支、非必要開支是否能降低或消失。例如，過去每天花費一杯百來元的咖啡，可否用數十元的濾掛取代，或是直接使用公司提供的咖啡即可。

在開源上，則可以如下檢視業務開發成效：每個月拜訪多少客戶，又有多少客戶成交，藉此計算出成交率；進而開始評估是否要增加客戶拜訪量，如何增加業務銷售技巧，達成更好的成交結果；甚至在進行客戶簡報時，是否能運用數值化思維，契合客戶真實的需要。

書中有滿滿的數值化思維運用，也在第 4 章中，帶出多數成功人士與企業使用的數字力法則，像是〈運用「帕雷托法則」，找出複數論點〉、〈使用「蘭徹斯特法則」，研擬策略〉、〈善用「海恩里希法則」，防範疏失〉、〈利用「一：五定律」和「五：二五定律」，克敵制勝〉等。

其實，閱讀本書也是一種數值化思維的活用。本書提供 29 個數值化思維訣竅，若你試著每天讀完一個並活用，除了花一個月讀完這本書外，更收穫了 29 個行動體驗心得。

這時代掌握數值化思維的人，不只工作能帶來更高效益，更是掌握財富的關鍵，而這一切的開端就是花錢買下這本書開始，捨得花錢在有價值的好書上，也是一種聰明數值化思維的展現！

數值化思維 國稅局稽查官的29個數值化訣竅，教你從不懂數字的人，變身用數字精準判斷的高效工作者

推薦序① 重拾數字自信，打造職場的必備能力：數值化思維

黃昭瑛（KKday營銷長）

在現今職場中，不論是要跟主管提案、跨部門推動專案，或者帶領組織成員往同一個方向前進，都需要最基礎的數值化思維能力。

若具備數值化思維，可以剝開細節與數字脈絡，找出關鍵問題，對症下藥；在組織溝通的過程中能更具體化自己的論述。舉例來說：「舊客人回購真的很重要，要做好會員經營、體驗要做好，這樣客人才會一直回來購買我們的服務。」但如果改成：「我們需要讓舊客人回購提高 30%，如此一來可節省獲取訂單的行銷成本 xxx 元，獲利才能達成今年的數字，也才能達到年度成長 30%的目標。」兩者相較，後者有數字論述的說服力會大增，為了做好舊客人回購，相關部門的協作專案推動也能更有效。

企業競爭在面對外界環境變動下愈來愈劇烈，擁有數值化思維可快速找到機會，並且知道要從哪裡著手達成目標。本書有案例說明，也列出了幾大訣竅，可以幫助沒有數字觀念、從小看到數字或財報就想睡覺的你，可以更好入門，倘若能從幾個書中重點試著在日常生活中實作，慢慢來一定會有進步。

若你完全沒有數字基礎，也可以試著從第 2 章的訣竅 8 開始。這篇從「企業獲利極大化」為案例展開討論，跟所有職場工作者面對的企業挑戰較為一致。「增加營收、降低成本」幾乎是工作上天天都會聽到的企業目標，但怎麼將兩者展開、與你的工作目標呼應與連結，大家可以閱讀此處的圖表與說明；看完就能揣摩，試著做出自己公司、部門的版本。你很快便可發現，主管每天耳提面命、交辦的工作任務且一直盯著你完成的項目，是呼應這個章節的哪一個段落了。原來你一直在為這個重要的企業目標獲利而努力，只是不一定知道自己的貢獻在整體數字上有多大。如果知道了，也計算得出來，或許你還能找到更有效率、更有產值的方法，最後對整個組織更有貢獻呢！

現今的職場環境，幾乎沒有人會想待在同個工作一輩子，所以轉職時很多能力都需要重新來過、打掉重練，但**數值化思維卻是各行業工作者都需要具備的基礎能力，且愈是高效工作者，愈需要藉數字抽絲剝繭，明快找到可行途徑，並且展開行動與內外協作**。

所以，別再說自己對數字不靈光、我的強項是文科了！透過這本書，你也可以重拾對數字的信心，並且透過生活與工作的實踐，培養數值化思維的自信。

推薦序② 電商業者的數值化思維分享，讓你工作、生活都更清晰

李忠儒（戀家小舖創辦人）

電商創業近二十年來，我早已是個不折不扣的數字工作者。對電商從業人員來說，數字就是一切工作的基礎，看流量、看轉換率、看客單價，分析客戶停留時間，檢查跳出率等。

在電商數字工作者的腦海中，一個月的業績會被分成月初、月中與月底三階段看待，而每天的業績還會再被細分為凌晨、早上、中午、下班時段與晚間高峰期來分析。在不同時間區塊中，我們該拿什麼數字跟什麼數字比較都是有所依據的。

我們沒辦法接受「流量好」這樣模糊的說法，而是必須指出：好是多好？我們要以具體數字表達，這個時段的平均進站流量是多少？無論業績好或差，都要推測出原因，而數值化思維就是幫助你判斷與分析的基礎。

業績好是因為轉換率變好嗎？那變好是指程度變多好？是來自哪個渠道的流量轉換率變高？高又是高多少？上述數字表現上有無異常，是否有必要進一步分析？這都是我們要留意的。

這樣的工作風格也滲透進我的生活，我習慣數值化生活中的大小事，而且深知這樣執行的好處。當你習慣將事物數值化時，人生將變得更加「清晰」，在他人眼中可能隔著層層迷霧的景象，在你眼中卻能輕鬆地直視本源。

很多人對數字感到害怕、心生抗拒，但本書卻能幫助一位文科生簡單地建立數值化思維。**在同類型的書籍中，我很難得見到一本書的內容可以這麼流暢與平易近人，非常推薦給每一位想讓人生活得更「清晰」的朋友。**

推薦序③ 打造你的數值化思維，做好溝通、做對決策沒煩惱

劉奕酉（鉑澈行銷顧問策略長）

這個世界，數據無所不在。簡單來說，你睜開眼看到的一切人事物，都可以轉化為數據，就像機器所看到的世界。

當我們驚嘆於人工智慧所能做到的一切時，其實這每個人都可以做到，只要懂得將大腦轉換為數據思維的模式，用數據來思考、表達與解決問題。

要如何打造數值化思維腦呢？只要培養數值化思維，懂得使用數字來思考、表達與解決問題。

微軟創辦人比爾．蓋茲曾在自己部落格上的一篇文章中強調了數據素養的重要性。他說數據素養是當今世
我們的生活中扮演了愈來愈重要的角
據、用數據工作、分析數據並用數據

這也就是本書中所提到的數值化
思維的人將會在未來取得成功。

- 當你懂得用數字來思考，就可
點。
- 當你懂得用數字來表達，就可
力。
- 當你懂得用數字來解決問題，
衡量成效。

管理學大師彼得．杜拉克說：「
話說明了數值化思維最核心的價值，
能不愛上它？

你可以不懂會計、經濟或統計這
要知道如何計算出正確數字，反正有
搞定這一切。但是，**做好管理、做
戰，懂得如何將數字做為決策依據，
與價值，將會是職場最看重的能力之**

總結來說，具備數值化思維能
而我自己感受最深刻的、最有
好地掌握商業的本質、商業問題的
期，我可以馬上梳理出營收背後的

訣竅 13

用數字的「賣相」，打動人心

◉「十次就有一次機會中獎」的機率是多少？

我常在看廣告時，萌生「這種數字的呈現方式真高明」的念頭。前幾天，我又被運動彩券「BIG」的廣告給打動。

「已創造超過四百位身價六億日圓的大富翁！」

我在公司開內部會議看到這句廣告詞時，差點沒開口對員工說「去幫我買一下『BIG』」，還好沒說（笑）。

我想大家應該知道，**這種運動彩券的中獎機率非常低**。仔細看看「BIG」彩券的官方網站，就會發現寫著「頭獎（最高獎金六億日圓）的中獎機率，理論上為四百八十萬分之一」。一注是三百日圓，所以買四百八十萬注，要花十四億四千萬日圓。理論上，這樣才能押中六億日圓的頭獎。

其實只要稍微查詢，就能知道中獎機率為何。而前述那句廣告詞，則是巧妙運用了「數字的魔力」。如果，運彩的廣告詞是：「每四百八十萬人，就有一人成為身價六億的大富翁！」這恐怕沒人有興趣買吧？不過，聽到：「已創造超過四百位身價六億日圓的大富翁！」大家就會覺得「我搞不好也能中獎」。

事實只有一個，但只要調整數字的呈現方式，給人的印象就天差地別。

前陣子，行動支付服務業者「PayPay」的「送你百億日圓」活動，成功製造了話題。我認為它的操作非常高明。在這一檔活動中，除了可享有消費金額二〇%的回饋之外，只要符合若干條件，還有機會抽中「十次就有一次機會中獎」的全額回饋，據說因此吸引了大批使用者爭相搶用。

然而，「十次就有一次機會，抽中全額回饋」的表現手法，並不代表「消費十次一定有一次全額回饋」。**因為，「消費十次，抽中全額回饋一次以上」的機率，只有六五%**。接下來，我更具體地說明。

「十次就有一次機會，抽中全額回饋」，這表示一次消費後中獎的機率是一○%，得到銘謝惠顧的機率是九○%。消費十次的中獎機率，換言之就是「消費十次，抽中全額回饋一次以上的機率」。我們可以先算出「十次都銘謝惠顧的機率」，再用整體減去此「槓龜十次」的機率，就能算出中獎機率。

消費十次都銘謝惠顧的機率，算法如下：○．九×○．九×○．九×○．九×○．九×○．九×○．九×○．九×○．九×○．九≒○．三五（約三五%）。因此，「消費十次，抽中全額回饋一次以上的機率」，是一○○%（整體）—三五%（消費十次都銘謝惠顧的機率）＝約六五%（抽中全額回饋一次以上的機率）。

我們要先掌握這個數字，否則就會死心眼地認為「一定要再買點什麼，直到抽中全額免費為止」，結果到頭來亂買了根本不需要的東西，反而得不償失。

全日空操作過的「每五十人就有一人免費」活動，或是必酷（BIC CAMERA）

執行過的「每百人就有一人免費」活動，都是巧妙表達數字的行銷案例，也很成功地製造了話題。雖然自己中不了運彩「BIG」的頭獎，但五十人、一百人抽一人免費的話，應該滿有機會中獎才對。

實際上，還真的有許多旅客旅遊時改搭全日空班機，還有很多人覺得「反正東西都要買，那就去必酷買好了」，這都成為很成功的行銷活動。

其實從業者的角度來看，**「每五十人就有一人免費」等同打九八折，「每百人就有一人免費」等於是打九九折**。日本由於有《贈品標示法》的規定，業者可免費贈送的上限為十萬日圓，所以實際折扣率應該更低。「消費一律打九八折」和「每五十人就有一人免費」這兩檔行銷活動，花費的成本幾乎是一模一樣，但給消費者的震撼力道卻大不相同。

「九八折」看起來實在不怎麼讓人心動吧。大家已司空見慣九折到七折的折扣，甚至很多民眾已經對折扣習以為常。

就是在這樣的風潮下，「免費＝零元」的數字魔力效果才更大。

◉不論是「免費」或「零元」，企業都不吃虧

由此可知，「全額回饋」或「免費」的威力非常強大，就連電信服務業者在推廣行動電話時，都大張旗鼓地用「零元」到處派發。要知道就算是行動電話也是有成本的，**根本不可能以零元派發給民眾使用**。

然而，電信服務業者靠通話費的「經常性收入」賺錢，也就是我在前一章提及的「有穩定收入進帳」的商業模式。儘管這種模式需耗時才能收到相當程度的資金，不過只要先降低門檻，讓顧客簽約，後續就會有穩當的利潤進帳。

運用數字魔力的廣告不可勝數。

即使一般人覺得：「這跳樓大拍賣，沒問題嗎？」、「這樣會虧本吧？」，但**其實業者都還是的的確確獲利入帳了**。畢竟想也知道，要是如此大費周章地做一些會虧損的事，企業就無法生存了。

請千萬別被數字的魔力給擺布，在想著「來這一套？還真是高招啊！」的同

時，要養成看懂數字「背後含義」的習慣。

POINT

即使看得懂門道，還是覺得數字魔力具有強大的震撼力。

訣竅 14

如何不被統計的花言巧語給騙倒？

◉要對數據資料的「前提」抱持懷疑

根據各種數字所製作的統計資料，化為圖表之後更簡明易懂，更具說服力。我個人也經常運用圖表，向客戶或廠商說明。

然而，雖說圖表簡明易懂，但**這並不表示它給人正確印象的資料必定無誤**。製作資料的人，會運用圖表簡明易懂的特性，盡可能放大想表達的事實，且把對自己不利的事實縮小呈現。

各位在製作簡報或談生意的資料時，應該也會在不說謊的範圍內，思考諸如此類的呈現方式；當換成是別人對你推銷的立場時，則或許你會對放有實績的圖表、數字的資料稍微提高警覺。

即使如此，**若沒有真正了解這些資料中有什麼花招，還是會不小心接受並相信對方的說詞**。

請看看下頁圖表。這張圖表呈現了想進保育園卻因額滿而進不了的孩童，也就是日本所謂的「待機兒童」人數的變化走勢。

待機兒童的社會問題存在日本已久。儘管幼托機構增加，稍微緩和了問題，但至今仍未能真正解決。更有人說，這是日本「勞動方式改革」遲無進展的主因之一（附帶一提，有專家指出，日本的待機兒童人數在二〇二〇以後呈現減緩趨勢，是因為有許多家長顧慮疫情，而選擇暫不報名入園的緣故）。

在這張圖表當中，特別令人好奇的是二〇〇一年，待機兒童人數大減一萬人以上。日本政府在二〇〇一年啟動「待機兒童歸零行動」，當年首相小泉純一郎親口表示「已確實推動」的這項行動，看起來似乎是成功了。

然而，事實並非如此。這些數字中其實隱藏著玄機。

事實上，二〇〇一年曾修正「待機兒童」的定義。在新版的定義中，把「雖有其他園缺額可供入學，但希望進入特定園而成為待機兒童者」，不再列入「待機兒

保育園待機兒童人數變化走勢

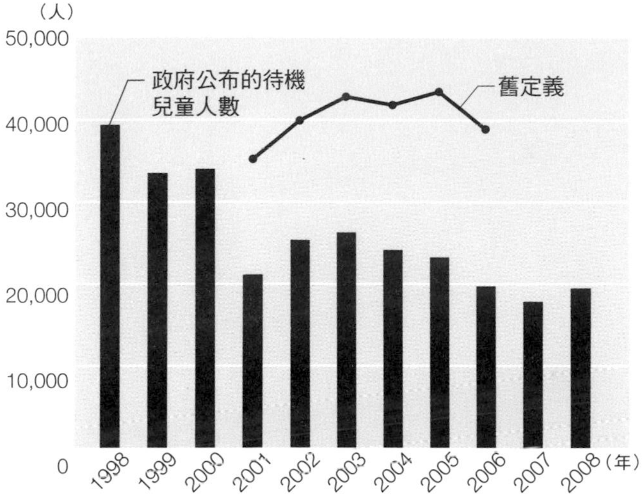

出處：厚生勞動省《保育白書2008》之數值

乍看之下，待機兒童的人數確實驟減，但實情是……？

【參考】近年的待機兒童人數變化走勢

年度	人數
2015年	23,167人
2016年	23,553人
2017年	26,081人
2018年	19,895人
2019年	16,772人
2020年	12,439人

出處：厚生勞動省〈截至2020年4月1日之待機兒童人數〉

童」的統計數字。也就是說，若搭電車或公車三十分鐘內可到達的保育園有缺額，卻仍希望進入住家附近保育園的幼童，就不再被視為待機兒童。

因為定義修正的關係，原本在二〇〇〇年之前應屬待機兒童的幼童，竟自二〇〇一年起不再列入計算……這個調整的結果，導致待機兒童的人數，在統計上驟然「減少」。

正如前頁圖中的折線圖所示，若以舊定義來計算，待機兒童的人數反而是有增無減（二〇〇七年以後，政府已不再公布舊定義下的待機兒童人數）。

●要操作成「滿意度九〇％」，其實很簡單

統計資料等數據，看起來總讓人覺得「正確無誤」。

不過，如果我們不假思索地接收別人所提供的資料，有時恐怕無法對事情建立正確的認識。

追根究柢，資料的前提到底正不正確？我們對此也必須存疑。

或許你會覺得：「太過分了！竟然中途調整定義！」

那請大家看看以下例子。

「我們分別用了普通平底鍋和A公司的平底鍋做同一道菜，試吃比較之後，有八〇%的顧客肯定A公司產品，認為『用A公司平底鍋煮出來的料理比較美味』」

材料明明都一樣，但A公司的平底鍋，煮出來的菜餚就是比較可口——A公司打出這樣的廣告。A公司舉行了「只用不同平底鍋做同一道菜」的實驗，並請受試者選出自己心目中最好吃的選項，得到了「滿意度達八〇%」的資料。

數字看起來很可信，說不定還有人已經打算要買A公司的平底鍋了。

然而，仔細一看，會發現廣告上用很小的字體，寫著「受試者五人」。換句話說，就是在這五人當中，有四人選了用A公司平底鍋煮出來的料理。

「什麼嘛！搞不好會出現這樣的結果只是湊巧而已啊！」

沒錯，問題就出在**數據樣本數實在太少**。當受試者僅五人時，只要其中一人的答案改變，評價就會出現二〇%的變動。樣本數過少的數據，通常無法被當成有意義的資料。

受試者僅有五人的平底鍋實驗，固然是我編造的例子，但生活中確實不乏這種玩數字遊戲的東西。例如，強調「顧客滿意度高達九〇％！」、「回購率高達八〇％！」結果數據背後的樣本數卻少之又少……。

儘管數字本身並無造假，但給人的印象效果卻是天壤之別。

順帶一提，如果像剛才平底鍋的例子，**請五個人來選「A或B」時，選A者達八〇％以上的機率是一八．七五％**。因此，即使用一個平凡無奇的平底鍋，仍有一八．七五％的機會，會出現「八〇％的顧客都表示肯定，認為它煮出來的料理比較好吃」。

乍看是很有威力的數字，但只要冷靜、深究內情，就會發現實績不過爾爾——這樣的案例其實多如牛毛。

●「一路攀升」圖表裡的巧思

想呈現「業績長紅」時，還有可用的招數。

圖表的魔力

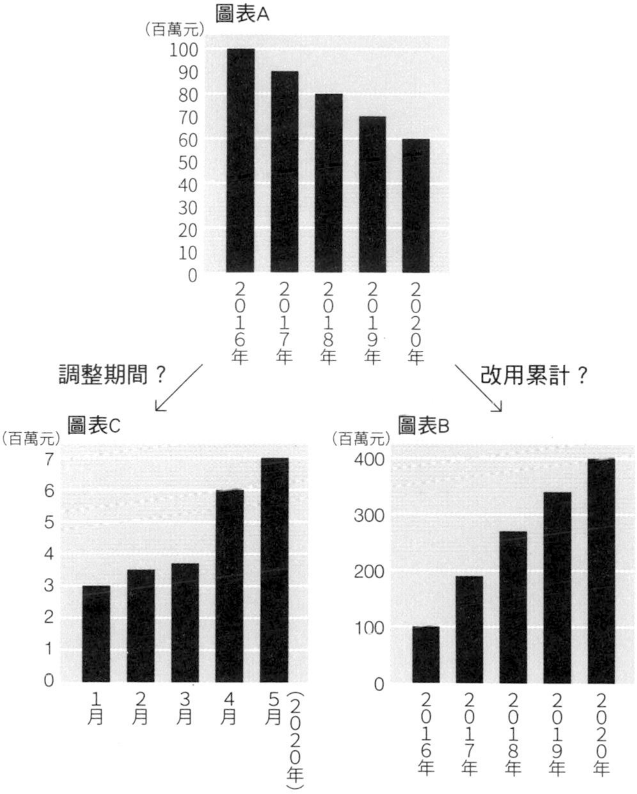

即使是趨勢每況愈下的圖表，
只要選對呈現方式，走勢就能一路攀升。

那就是**善用累計數字**。

例如，將歷年營收畫成圖表，卻發現業績可明顯看出逐漸下滑時（前頁圖A），若以此對外介紹公司服務，恐怕很尷尬吧？

不過，只要如圖B所示，改用累計金額呈現，就能營造一路攀升的效果了。

只要稍微動腦，就能明白箇中奧妙。但人就是很容易被視覺印象所擺布，所以經常可見這種圖表的案例。

不見得是圖表，只要**「想凸顯規模」時，就會運用累計數字**。例如，我們常看到書籍的書腰文字上，強調「系列累計熱銷逾五千萬冊！」；電影也會用「系列累計觀眾人數，突破五千萬人！」來宣傳，這都是用累計人次呈現數字的案例。既然是累計數字，就看不出單一期間或單一作品的銷量，卻可給人「好厲害啊～」的印象。

圖表還有一招**「調整期間」的技巧**。

長期看來趨勢走跌，但若短期數字上升，就可考慮只呈現這個部分（第117

頁，圖表C）。

相反地，短期數字走跌，長期趨勢卻是走升的話，那麼就呈現這些長期的數字即可。

此外，調查對象也可能引發偏誤。

舉例來說，假設有一份問卷調查上寫著，調查對象是「隨機選取五百位七十多歲的男女受訪者」。不過，若這訪問是透過社群網站或APP應用程式找受試者作答的話，那麼受訪者就只會是具備一定程度網路素養的人。看到問卷內容上，寫著「隨機選取」一詞彙，會以為這代表七十多歲受訪者的常態意見，但得到的問卷結果或許根本南轅北轍也不足為奇。

數字的呈現方式可以千變萬化，端看我們如何處理。

尤其以圖表等簡明易懂的視覺化形式呈現時，就會變得更有說服力。

觀察統計數據資料時，應冷靜分析數據的前提是否合宜，母數是否妥當，是否為累計數字，期間設定是長是短，還有受訪者選定是否有偏誤等，以便認清數字所呈現的真正含義。

POINT

要仔細確認統計的前提設定，解讀數字背後的真相。

訣竅 15

一看到「平均」就要深究

◉「平均值」並未透露任何資訊

解讀數據資料時，必定會談到**「平均值」和「標準差」**。或許有些人一聽到這些名詞，就會心想「饒了我吧」。但搞懂這兩個詞彙，對理解數字很有幫助。讓我們先確認它們的含義吧！

假設我們剛出社會找工作，或準備跳槽換跑道，於是翻開了一本徵才資訊雜誌，發現了一家看來頗為理想的公司。徵才廣告上還寫著一句：「員工平均年齡三十三歲，是一家很年輕的公司！」

「這裡應該有很多年輕人，是一家充滿活力的公司吧？說不定像我年紀這麼輕，也能被委以多項重任……」結果實際去面試過後才發現，公司裡有十五名員工，其中七人五十歲、八人十九歲，完全不是自己原先想像的一回事！若只看平均值，說不定就可能發生這樣的事。

以平均值而言，這家公司的員工平均年齡的確為「三十三．五歲」，但這個平均值究竟有沒有意義？這家公司只不過是分成「十九歲」和「五十歲」兩個族群，根本沒有任何人是三十三歲。

其實平均值的計算方式，就是把幾個數字加總，再除以資料的筆數而已，非常簡單。然而，**有時算出平均值有意義，有時則否，應特別留意**。

一聽到「平均」，我們腦中就會擅自浮現「常態分布」（normal distribution）的想像——也就是落在平均值附近的資料筆數最多，離平均值愈遠，則資料的筆數愈少。

然而實際上，資料分布不見得會呈現如此完美的曲線。常態分布圖中可能有兩、三個特別高峰的值，也可能是高峰高得很極端，或根本沒有像高峰的高峰。

假如，剛才那則徵才廣告上還寫著「平均年薪五百萬」呢？這也有點詭異吧？

平均值的謊言

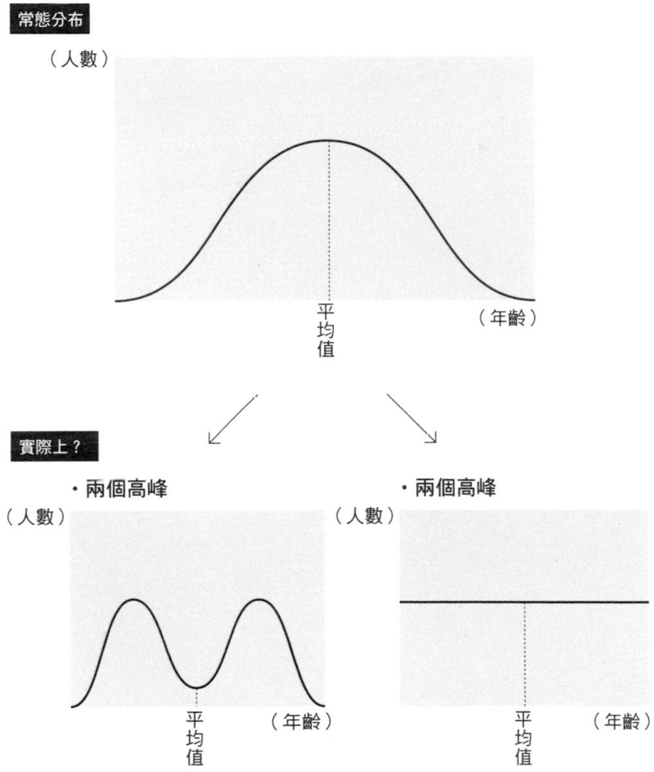

一般人聽到「平均值」，總以為落在平均值附近的資料筆數較多，但實際上卻不見得如此。

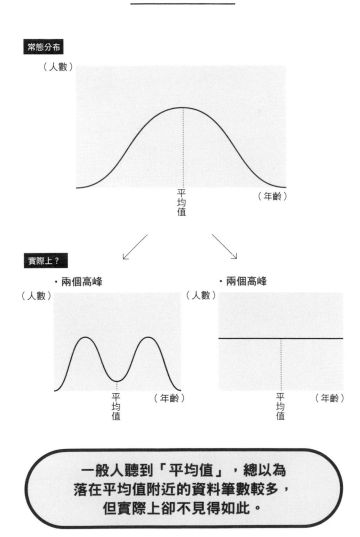

當我們同時比較好幾家公司時，就算有多家公司都標榜「員工平均年薪五百萬」，但**說不定各家企業的薪資分布根本迥然不同**。有些企業幾乎所有員工的年薪都是五百萬，而有些則是近半數落在三百萬前後，另有幾人達千萬等級。

●看清數字彼端的「真相」

「平均值」的確是一個參考值，但有些事不能只以此判斷。

這種時候，最值得參考的是用來呈現數字離散程度的「標準差」。

聽到「標準差」，或許有些讀者會想到日本入學考試常用的「偏差值」。**所謂的偏差值是以五十分為平均分數，判斷考生成績與平均有多少差距的數值**。一般入學考試的成績大多接近常態分布，因此同學可透過偏差值，大致了解自己排名在前段（或後段）的什麼位置。它可用來了解分數上看不出來的「個人排名位置」，相當方便。

另一方面，單純談「標準差」時，則可以呈現「**數據資料距離平均值附近的離散程度**」。假設某項測驗的平均分數是五十分，標準差為十分，那就表示從五十分起增、減十分，也就是分數落在四十到六十分範圍內的考生最多。

我想以「選擇通勤公車的標準」為例，來思考「標準差」。假設從住處到公司的通勤路程，有A、B兩個號碼的公車可以選，我們看看該選哪一台。A、B兩號公車，基本上都依時刻表上所列的時間準時進站，兩者實際到站時間與時刻表平均只差一分鐘。

「既然兩者平均誤點都只有一分鐘，搭哪一號都可以吧？」

不對，思考事情不應該這樣。

若以「離散程度＝標準差」來思考，就可選出搭乘哪一號公車比較合適。

A公車經常不是比時刻表晚十分，就是早九分到站；B公車則總是晚一分鐘進站。兩者與時刻表的平均誤差時間都是一分鐘，但A公車的標準差是十分鐘，B公車的標準差是一分鐘，所以B公車比較適合通勤。

評估前面提到的平均年齡或平均年薪時，也要特別留意標準差是多少，千萬別被「平均」這個詞彙給蒙蔽了。

求取標準差的算式確實稍微複雜，但需要嚴格求得標準差的情況，實際上並不多；**而「平均」在商務上是很頻繁使用的詞彙，舉凡談生意、寫廣告文案等都會出現。**碰到所謂的「平均」數字時，請務必提高警覺，用「離散程度＝標準差」的觀點，認清隱藏在數字背後的「真相」才是關鍵。

POINT

要認清數字分布的「高峰形狀」，別貿然接受所謂的「平均」數字。

訣竅16

與其用「A、B、C」分級，不如多談「百分比」

◉何謂「期望值」？

在數學的「機率」領域中，經常使用「期望值」的概念。所謂的期望值是指我們無限多次操作了某件事，再用每次操作後得到的數值所計算出的平均值。

假設我們擲一顆骰子，擲完後可領到擲出點數×一百元的獎金。這時獎金的期望值是多少呢？

擲骰子會出現的點數平均為：

（一＋二＋三＋四＋五＋六）÷六＝三・五

擲的人可領到擲出點數×一百元，所以獎金的期望值為三・五×一百元＝三百五十元。

若將規則改為擲出偶數就能領到一百元，擲出奇數就什麼都沒有，則此時的期望值為多少？

出現偶數的機率是五〇%，所以將一百元×五〇%（1／2）＝五十元，故期望值為五十元。

儘管實際上不是拿到一百元，就是拿到零元，但**只要計算平均值，就可知道每次擲骰可望拿到的金額**。

這樣的概念也可應用在開會或簡報上。

以下要介紹我參加客戶公司會議時發生的事。這家公司每週都會召開「業務預估」會議。簡言之，就是由每位業務同仁，報告各自對業績目標的達成進度。

「〇〇公司是四百萬元的案件，目前已和承辦人員洽談，但客戶端尚未進入簽核程序，進度在C。」

「××公司是兩百萬元的案件，目前僅止於向客戶提報，進度是D。」

「△△公司是一百萬元的案件，已收到訂單，幾乎可說差不多定案了，進度為A。」

我沒說錯，這家公司就是用**A～D來呈現業務爭取訂單的進度**。

這會議每週召開，會中可聽到業務同仁的各種說明，例如「已從D調升到C」、「原本已經到B，但現在又退回原點」等。掌握並分享彼此進度的確是好事。不過坦白說，這一套A～D的分級制度，實在讓人看不出業務案件究竟朝成交推進了多少。

◉改用數字呈現進度狀況

於是，我向這家客戶提議應用「期待值」的思考方式。

我請他們用數字呈現進度，取代以往的A～D分級。例如，若提案完成，進度為二〇%；若與握有決定權者見面，進度則是四〇%；若客戶內部已送出簽呈，進度就是七〇%；已收到訂單的話，進度便是九〇%。接著，為了讓業務同仁能一併考慮成交金額與進度狀況，所以將這兩個數字相乘。

這個方法和剛才**用骰子點數出現的機率數乘以金額，計算出期待值的概念相同**。一個價值百萬元的案子，實際上會收到的金額，不是一百萬元就是零元。但既然進度是七〇%，就表示有七〇%的機率可以拿到一百萬，因此期待值就是一百萬元×七〇%＝七十萬元。

以△△公司的案子為例，可算出「一百萬元×九〇%＝九十萬元」；而〇〇公司的案子，則是「四百萬元×四〇%＝一百六十萬元」。進度率愈高，成交的機率就愈高，所以要這樣依個案金額將進度化為數字，**才能清楚呈現目前每個案件的輕重緩急**。

「一百萬元的案子，目前進度A」、「四百萬元的案子，目前進度C」這樣的描述方式根本無從比較。

此外，透過加總每個案子算出的金額，還能從中掌握業務部門對整體營收目標

用數字簡化思考

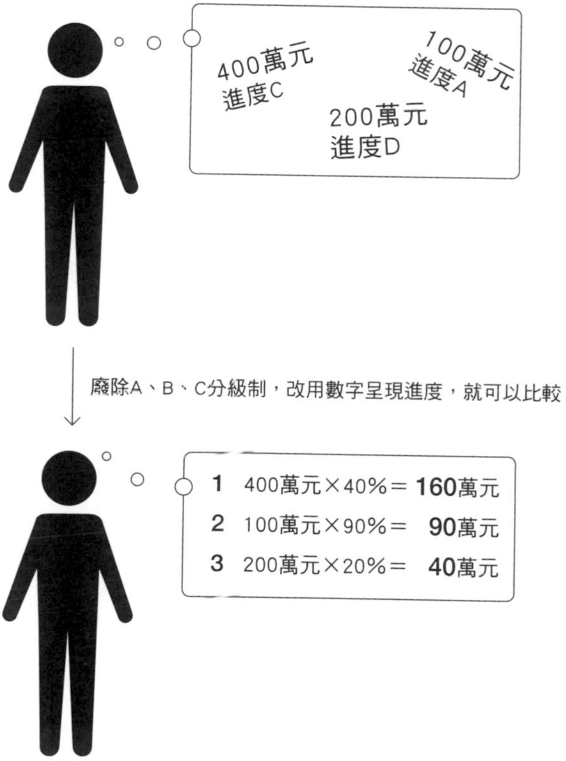

**把各種情況都化為數字，
才能比較。**

的達成進度。假設本月的營收目標是一千萬，若將目前所有案子的金額與進度率相乘後，算出合計金額為六百萬的話，討論就會往「該如何達成剩下四成（四百萬）營收」的方向發展。

以百分比呈現的進度狀況，當然只是參考，並非嚴謹的數值。不過，**原本的A～D分級本身就是一套參考標準，既然如此，那就把這些分級全都轉換成數字思考，會更簡明易懂**。

廢除「A、B、C」分級，改用數字思考之後，這家公司開起會來，比以往順暢多了。即使是不確定能否爭取到的案子，也全都置換成數字，確保每位同仁擁有共同的認知——這才是關鍵。

POINT

改換成簡明易懂的數字，團隊就能對現況有共同的認知。

訣竅 17

用「數字」幫助聽者釐清條理

◉需要說服誰，就先幫他建立一套「標準」

不論是製作會議資料，或是為客戶、廠商提供的提案、簡報資料，我經常都會留意「用數字試算模擬」。舉例說明，我們試想要如何製作有助於降低成本的網路服務提案。

「使用服務A就能降低成本。數據顯示，用了服務A之後，承辦人員處理行政作業的時間，從一天四十五分鐘降到一天十五分鐘。」

到這裡為止的說明都司空見慣，接下來才是重點。**究竟能省下多少成本，一定要在最後放上模擬試算結果**。

「一天平均花五千元，一年平均就可以省下一百三十萬元的成本（假設承辦人員的時薪是兩千元，共五名，一年工作天數為兩百六十天）。」

我們無從得知對方公司的行政業務承辦人員有幾位，時薪多少，一年工作幾天等，所以採用的都是假設數字。提報給對方時，也只是以「假如情況如此，就可以省下這個金額」來呈現。不過，加入數字描述，遠比只說「降低成本」來得更容易想像，也能讓大腦訊息更井然有序。

至於若你是接收提報資訊的這一方，看到模擬試算的數字之後，就能當場大致估算，例如「我們公司的承辦人員有三個，所以省得少一點」，或「我們公司的時薪更高，所以應該能省到一百五十萬元的程度吧」等等。這都是因為他們有標準可參考。

若沒有以任何數字表達，客戶或廠商根本無從判斷我們提報的服務A究竟是貴還是便宜。積極評估、躍躍欲試的企業，固然會自行模擬試算；但「感覺好像不太有成效」、「總覺得報價好像貴了一些」的人，恐怕連評估一下都不願意。

既然如此，最好是由我方在提出簡報資料時，就幫對方做好模擬試算——**有個可**

以當成標準的數字，比較容易跨過第一道門檻。

模擬試算所用的數字，不見得一定要正確，用暫訂的數字就好。因為只要有數字，就能釐清對方思緒。

同樣地，希望公司順利接受自己的提案時，不妨也用數字先模擬試算。

別只是向公司抱怨：「我們部門很忙，人手不夠，想再加一個人。」

建議可以試著這樣說：「若再增加一個人，一個月就可以減少一百八十小時（相當於三人份）的加班費支出。此外，我們還可以更專注在推動目前進行的專案上，所以專案可提早二十天完成。若以一天三萬元計算，那麼專案提前完成所帶來的效益，能達到六十萬元。」

如果你是握有決定權的人，會接受哪一種的建言？應該是比較願意接受後者的建議吧？不必太吹毛求疵數字的精確程度，只要能解釋數字的「依據」即可。

POINT

思考如何幫助對方「釐清」腦中條理，別太在意數字準確與否。

訣竅 18

產生「數字魔力」的技巧

◉折扣魔法中的「定錨」是什麼意思？

我前面已介紹過巧妙運用數字的廣告案例，也就是選擇吸引人的數字，或調整數字的呈現方式，就能提升消費者對產品或服務的印象。

在此，我想和各位一同思考：**怎麼把這個概念實際應用在定價或銷售手法上？**

前幾天，我太太出門買牛仔褲。臨出門前，她說：「最近牛仔褲都好便宜，兩千日圓就有，頂多三千左右就能打發。」然後就出門血拚了。

然而，購物回來後，太太卻喜孜孜地向我展示戰利品，竟是四千九百九十日圓的牛仔褲，高於原本預算。我想這明明完全超出預算，她有什麼好開心？一問之下，太太才說「我賺了一萬日圓」。

我看看吊牌，發現它原本的定價是一萬五千日圓。而這個價格被劃掉，上面寫著紅色的「四千九百九十日圓」。我心想：「這完全落入了定錨效應的圈套嘛……」

所謂的「定錨效應」（anchoring effect）**，簡而言之，就是人的關注焦點會跟著一開始接收到的資訊走**。「定錨」中的「錨」，指的是船錨（anchor）。由於拋下船錨後，船就會被固定在該處，因此引申為想法被某種標準所牽制。

當吊牌上印著原本的定價時，我們的焦點往往就會受它牽動，而傾向做出「便宜了一萬日圓」的評斷，對吧？如此一來，我們就不會去在意這條牛仔褲原本的價值，究竟值不值四千九百九十日圓。

換言之，打折時把原價和折扣價並列，可引導消費者去留意金額落差，也就是發揮**讓他們聚焦在「省了多少錢」的效益上**。

◉「敲詐」的機關

接下來，跟各位介紹和定錨效應有關的趣味實驗。NHK電視台節目《老師沒教的事》中，有一集曾介紹**衝動購物心理**，還做了以下的實驗：

製作單位請在街頭購物的民眾轉動輪盤，讓他們先看轉出的數字，接著再出示一把剪刀，詢問民眾：「你認為這把剪刀賣多少錢？」在六十位受訪者中，轉到兩百到一千數字之間者，回答的價格平均是「九百三十七日圓」；另一方面，轉出數字介於一千二到兩千者，回答的價格平均則為「一千六百七十九日圓」。**兩者差距竟逾七百日圓**。

再進一步詢問民眾對這把剪刀的評語時，發現估價偏低的族群，以「中看不中用」、「看起來像百元商店的商品」的意見居多；而估價較高的族群，則多半回答「材質很好」、「看起來很利」。

輪盤上的數字和剪刀一點關係都沒有。然而，**受訪者的判斷還是被最初看到的**

數字牽著鼻子走了。

由此可知，即使數字互不相關，仍會出現定錨效應。走進國外的特產店，因為洋溢異國風情，有時店員會刻意報出高於行情的價格。其實此舉極具效果，即使買方以為成功殺了價，但結果購入價還是遠高於行情。

除了定價問題外，在談生意或提案時，單單稍微考慮先秀出什麼數字，想想數字呈現的順序，就會影響提案結果是輕鬆過關或一波三折。接著，我介紹具體的方法。

◉人總是把「吃虧」看得比「占便宜」還嚴重

說到購物，記得我在十二月中旬過後，相中了某個品牌的外套，一直猶豫著要不要下手。平常我不會在購物上花太多時間，但那件外套要價七、八萬日圓，我當場實在拿不定主意。再等半個月，說不定我就能在換季折扣中撿到便宜了。於是我叫住店員，開口問他：「新年換季折扣時，這件外套會打折嗎？」對方回答：「不會，目前沒有這個規畫。」我心想：「既然再等也不會降價，那就現在買吧！」於是便下定決心，買下了外套。

可是，半個月後，我偶然經過那家店時，卻發現自己買的同款外套，竟打了對折！說實話，當下我並不覺得自己「虧大了」。

雖然店員沒把折扣資訊告訴我，的確讓我大受打擊……不過規畫終究只是規畫，說不定真是無可奈何。

我想每個人或多或少都有這樣的經驗吧？

人是懷抱著強烈「不想吃虧」的生物。

假設現在有一張「抽中一千萬的機率是五〇％，但損失八百萬的機率也是五〇％」的彩券。你會選擇賭一把嗎？

計算彩券的期望值：

（一千萬×五〇％）－（八百萬×五〇％）＝一百萬

換言之，從期望值的角度來看，賭一把才是合理的選擇。然而實際上，恐怕大多數的人都會拒絕。因為你我不想吃虧的念頭，比想占便宜的想法更強烈，所以在我們眼中，「損失八百萬」的機率，比「賺一千萬」的機率看起來更高。

人往往將損失想得太過嚴重，無法透過數值對「得」與「失」一視同仁。

所以，「我竟然在打折前夕買了！」那股「虧大了」的心情，感受上會比實際金額差額更高出一截。

由此看來，若想推銷商品，**不只要讓對方覺得「占便宜」，還要認真思考該怎麼做才能不讓對方覺得「吃虧」**。

百貨公司辦折扣特賣時，如果文宣品上寫著「第一波」，顧客就會覺得「第二波應該會更便宜」。除了一打折就銷售一空的商品之外，顧客恐怕會心生「再等等」的念頭吧？

可是，店家當然希望顧客盡可能用更高的價格買走商品。儘管最後商品都會降價促銷，但他們總期盼顧客在打折前就購買。既然如此，我有時不免會想：是不是別寫「第一波」比較好呢？

◉在「松、竹、梅」中，選擇「竹」的原因

我再和各位分享一個人類行為傾向的趣聞。

光顧鰻魚飯館時，很多人都會不由自主地在「松、竹、梅」的套餐中選擇「竹」；進到壽司店，則會在「頂級、高級、大眾」套餐之中，選擇「高級」套餐。換言之，人具有**「若有三個選項，就選中間那一個」**的行為特質。

行為經濟學者友野典男在著作《有限理性》中，提到和這個傾向有關的實驗，謹在此和各位分享。

經濟學家伊塔瑪．賽門森（Itamar Simonson）和阿莫斯．特莫斯基（Amos Tversky），曾找來一百零六位受試者，用三款相機做了實驗。

相機A的品質粗糙，但價格便宜；相機B的品質和價格都屬中庸；相機C則是品質精良，但所費不貲。

首先，實驗團隊拿出A和B這兩款相機，請受試者從中選出想買的相機，結果

選A和選B者各占五〇%。接著，團隊又再拿出品質精良、要價不菲的相機C，再請受測者從三者中挑選，沒想到竟出現二二%的受測者選A、五七%選B、二一%選C的結果。換言之，當有三種選項擺在眼前時，最多人會選擇中間選項。

賽門森博士在論文中論述：「只要在消費者考慮選購的商品群當中，加入一個質精價高的選項，那麼原本在商品群中顯得質精價高的選項，獲得消費者選購的機率就會提升。」（祝辰也〈品項安排對消費者偏好的影響〉，《流通情報》二〇〇〇年三月號）。

所以在銷售時，只要懂得應用這個概念，就是**為我們真正想銷售的品項準備更高一階和更低一階的商品即可**。以茶葉銷售為例，假設公司最想銷售的是「定價三千元的養生茶」，那麼就只要另行準備一款「定價五千元的高級茶」，和一款「定價兩千元的超值茶」即可。

這個概念不僅可應用在茶葉或鰻魚等物品的定價上，還可活用在各種商業交易上，例如保險或網路服務的提案等。

並不是把優質商品拿出來便宜賣，就一定會贏得顧客的青睞。想更有效拓展事業，就要在商品的呈現方式上多思考各種不同的策略。

評估商品的定價與銷售方式時，不妨多了解、考量消費者的行為特質。

POINT

其實吸引人的，並非真正「實惠」的商品，而是「散發實惠感」的品項。

Chapter 4

改變工作思維的九大定律

腦中記住的定律愈多，
思考問題時，
就愈容易猜想到「解方」。

訣竅 19

活用「數字定律」，猜想解方

◉用數字拆解問題背後的多重因素

工作上發生問題時，我們要探究箇中原因並著手改善。

假設我們在自家公司的新商品宣傳活動上，做了問卷。沒想到調查結果出爐，顧客滿意度竟偏低。若想提升下次活動的顧客滿意度，**那我們要做的第一步，就是找出滿意度偏低的原因**。要是從問卷內容就可明白看出原因的話，那倒還好，但偏偏有時就是找不到線索。以量化指標而言，這次的顧客滿意度僅僅三五％。這下子該如何是好？

接著，我們聚焦在活動的質化層面，進入質化判定。不過，亂槍打鳥地嘗試各種改善，效率未免太差。這時，我們就要懂得如何猜想「解方」，也就是預測問題核心大概出現在何處。

問題背後的原因不可能只有一個。

問題的發生必定是多重的連鎖反應，就連我們在路邊被石頭絆倒都是各種因素交織而成的結果。除了路邊有石頭之外，也許我們當時正在想事情，又或者那天穿了一雙容易跌倒的鞋等。正因為問題不單純，**所以猜想改善後效果可能最顯著的「解方」，便顯得格外重要**。

有一套猜想「解方」時的方便利器，就是「有數字的定律」。

例如，「麥拉賓定律」（the rule of Mehrabian）是以心理學實驗為基礎所彙整而成的數字定律。

一九七一年，美國心理學家艾伯特・麥拉賓（Albert Mehrabian）發表了溝通實驗結果數據。這項實驗內容在探討**當接收到的訊息，與說話者的情緒、態度互相矛盾時，人類如何解讀**。

結果發現：談話內容等語言資訊占七％，語氣和速度等聽覺資訊占三八％，外貌等視覺資訊占五五％。因為得出這組占比數字，所以這條定律又稱為「七：三十八：五十五定律」。

換言之，當發現對方以可怕的語氣、憤怒的表情說謝謝時，我們會把從語氣、表情中接收的資訊，看得比語言資訊更重，進而在綜合判斷下，感受到「他在生氣」。儘管對方釋放出善意的語言資訊，但從口氣和表情中，我們並無法收到善意。

●運用數字，就能更具體掌握問題點

當我們想提高宣傳活動的滿意度時，只要了解「麥拉賓定律」，就能從視覺資訊上猜想「解方」，進而思考是否可能改善七：三十八：五十五中占比最高、達五五％的視覺資訊？或是從次高、占三八％的聽覺資訊著手？

活動滿意度偏低的原因，可能是公司員工說「你好」時面無表情，或表達「謝謝」的方式太過例行公事。也或許是課程講師等人強調的口氣過於強勢，造成聽者覺得像挨了一頓罵。

即使知道「人對資訊的解讀深受視覺資訊的影響」，但如果我們只停留在「聽說是這樣」的程度，就無法施展在商務現場之上。然而，若能**記住有數字的定律，就更能具體掌握整體概況，也更有機會猜對能解決問題的「解方」**。

不過，我要特別補充一點：「麥拉賓定律」有時會被錯誤解讀為強調「外觀儀表才是工作上的重點」、「語言資訊才占七％」。如此一來，簡報時恐怕會發生只將PowerPoint資料製作得很精美，但內容卻很空洞的情況，這可就本末倒置了。「麥拉賓定律」的論述重點，是提出**「同樣的語言資訊，會因伴隨不同的聽覺和視覺資訊，而帶給人不同的感受」**。大家千萬不能搞錯這個前提。

「麥拉賓定律」只是其中的一個例子，還有各式各樣的「數字定律」。每條數字定律都是前人從各種經驗或研究中推導而來的。這些法則就如同「麥拉賓定律」，**我們必須特別留意不能忽視或過度簡化它們的前提**。不過，它們將成為解決問題時的一大助力，這一點毋庸置疑。

在本章當中，我想要介紹幾個希望上班族讀者認識的「數字定律」。

POINT

為了猜中「解方」，我們要把定律塞進大腦抽屜裡。

訣竅20

運用「帕雷托法則」，找出複數論點

◉經濟關鍵是由前二〇%的人掌握

在所有「數字定律」當中，世人最常運用的是「帕雷托法則」（Pareto Principle）。

這是由義大利經濟學家維弗雷多・帕雷托（Vilfredo Pareto）發現的法則，他主張「八成的社會所得掌握在兩成的高所得者手上」。當代又將這個概念運用在許多領域中，稱為「八十：二十法則」、「二八法則」。

這個法則提出「八十：二十」的具體數字，而不是「少數催生出整體的絕大部分」之類的模糊說詞。面對問題或課題時，「帕雷托法則」**能幫助我們輕鬆預測後續發展，方便猜對「解方」**。

舉例來說，大家常如此在論述時，套用「二八法則」。

- 八成的公司獲利由兩成員工所創造。
- 八成的公司獲利由兩成商品所產生。
- 八成的公司獲利由兩成顧客所貢獻。
- 八成的工作成果是在兩成工時中誕生的。
- 八成的所得稅是由兩成納稅人所負擔的。

或許有些案例事實上更接近九十：十或七十：三十的數字，但重點是我們明白「一件事的結果並非所有參與其中的元素都做出了相同的貢獻，而是有某些特定元素所創造的績效特別高」。套用大約的數值，藉此創造出切入問題的墊腳石，才是關鍵。

最常聽到的是有人說，想拉抬營收需要「致力於耕耘前二〇％」。最明顯的例子是，企業在一百家客戶當中，針對前二十大客戶增加拜訪次數、強化服務；對剩下的八十家企業，則提供一般水準的服務。

因為公司資源有限，所以**必須思考哪些部分應該優先處理，妥善配置人力與成本**。

為了改善商品所做的問卷調查或訪查也同理可證。若要聽取每一位顧客的意見，工程實在太浩大；但如果是去了解二〇%的主力顧客意見，事情就會變得很有效率。

綜上所述，運用二八法則多半是奠基在「只要致力耕耘前二〇%，就能達到事半功倍效果」的論述脈絡之上。

◉耕耘後八〇%，有助於提升整體水準

可是，選擇反其道而行，「致力耕耘後八〇%」，也不失為一個辦法。

我身為企業經營者，**若要考慮如何「提升公司整體的業務推廣戰力」時，我會利用這個機會，設法為後八〇%的業務加強業務推廣技巧**。

提升組織能力

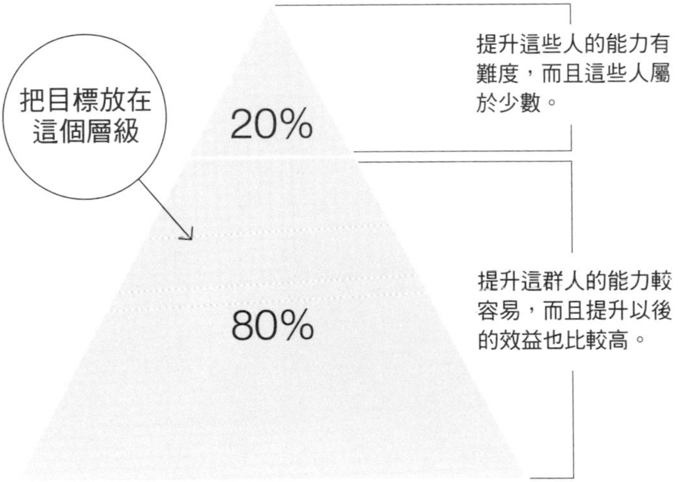
把目標放在
這個層級
20%
80%
提升這些人的能力有難度，而且這些人屬於少數。
提升這群人的能力較容易，而且提升以後的效益也比較高。

**「希望提升公司整體營業力」，
與其鎖定前20%，不如針對後面的80%，
效果比較好。**

畢竟要讓業績前二〇%的業務能力都再更上一層樓，這任務的確非常艱鉅。學校考試成績總是名列前茅的同學，很難再拚出更高的分數；身材本來很清瘦的人，減肥時要付出的努力，會比胖的人更多。而考試成績總是吊車尾的同學，只要稍微努力，分數就可能大幅上升。

假如業務團隊有一百人，要讓業績最好的二十人平均提高二十分，簡直是難如登天；但若是讓後面的八十人平均提高十分，難度就沒有那麼高了。

即使二十人平均提高二十分，全公司的業務推廣戰力總共也只增加四百分；但若能讓八十人的平均分數提高十分，業務推廣戰力總共就會增加八百分。我想傳達的大致如上。

以往從事企管顧問工作時，**我都只看後八〇%業務的業績數字**。

即使我詢問客戶公司的業務部門主管：「哪位同仁的業績比較差？」答案大多都帶有成見。有時部屬的業績表現明明就很不錯，卻因為和主管不投緣，或主管不滿意這個人的工作態度或個性，便視其為「無能員工」。

你我受「印象」影響的程度，遠超乎自己想像。若企業已決定要釜底抽薪地鍛鍊人才，就該凡事只看數字，避免流於個人主觀的判斷，才能祭出最有效的策略。在這種情況下，姑且把人格等問題擱在一旁，一切根據數字來處理，既簡單又無往不利。

◉八成的工作時間都浪費了？

在個人工作上，用「八十：二十」的概念思考，也能看出一些奧妙。常聽到有人說：「八成的工作成果是在兩成工時中創造出來的。」就我以往的經驗而言，的確如此。

用Excel計算數據，或者用PowerPoint製作資料……大多數的工作其實都是「例行公事」。我們花在做到真正和獲利直接相關的事，頂多只占上班時間的兩成。

谷歌（Google）有一項知名的創舉，就是訂定了「二〇%時間」條款，讓工程師花兩成的上班時間，去做自己喜歡的工作。這項條款想必也是來自於二八法則。

這麼一來，谷歌可**控制一不小心就蔓延到八成以上的「例行公事」時間，並強迫員工挪出有助於創造未來獲利的時間**。

以我個人而言，則是會盡量保留些許「什麼都不做的放空時間」。因為我一被眼前的工作追著跑，便容易無法顧及思考將來的事。而為了確保至少保留了兩成的時間思考未來，我盡可能銘記在心、避免遺忘的做法就是，把它寫在紙上，貼在桌前提醒自己。若不這樣做，我很容易就只聚焦在眼前和過去的事情上。

建議各位不妨也回頭檢視自己的時間分配，如果花在「例行公事」上的時間超過八成，或許可以重新考慮工作的進行方式，例如委外處理部分業務等。

有關二八法則的應用，我想再舉應用於閱讀的例子。

我不建議各位把這個概念套用在讀小說上，不過，看商管書或實用書時，我認為**「只讀個兩成，就能了解八成的內容」**。我總是這樣一本又一本讀下去，甚至有人說我：「你看書怎麼能看得那麼快啊？」其實說穿了，用的就是這一招。

首先，要確認自己的閱讀目的。閱讀目的因人而異，或許有些人想具體地將書中內容應用在工作上，也可能有人想了解作者的主張，大概也有人希望理解書籍所提出的主題、內容。**釐清閱讀目的後，只要再看看目次，就會知道自己該讀這本書的哪些部分**。還有，在快速瀏覽時，若覺得映入眼簾的小標或強調的部分也符合自己的閱讀目的的話，就讀一下那周遭的內容。

此外，書中遍布用來補強主張的內容。例如，為了讓某個主張更簡明易懂，或更有說服力，而附上具體案例或引經據典。若你覺得自己不需要太瑣碎的案例說明，那就跳過這些段落也無妨。像這樣**主動挑選自己覺得需要的部分閱讀，應該只讀過全書的兩成左右，就能大致了解全書的內容**。

若是內容特別扎實的書籍，當然是讀得愈精愈有收穫。

不過，如果是工作上必須瀏覽或內容輕薄的書籍，拖泥帶水花太多時間閱讀，未免太傻了。**花一小時就能掌握八成內容的書，不必賠上十小時去了解百分之百**。畢竟對書籍內容了解的程度深淺，不見得一定和花在閱讀上的時間成正比。

視目的和需求等狀況差異，分別使用不同的閱讀方式，不是很好嗎？

POINT

隨時提醒自己留意各種「八十：二十」的比例，改變工作效率。

訣竅 21

使用「蘭徹斯特法則」，研擬策略

◉要在市場競爭中勝出，需要取得多少市占率？

包括軟體銀行（Softbank）的孫正義創辦人、HIS旅行社社長澤田秀雄在內，許多企業家都曾潛心研究過經營之道，還將它融入了自家企業經營策略——這就是所謂的「蘭徹斯特法則」（Lanchester's Law）。

原本蘭徹斯特法則，是用來分析各方勢力在戰爭行為中的互為消長情況。後來經日本的企管顧問田岡信夫系統化整理過後，成了一套企業的競爭策略。其實蘭徹斯特法則相當複雜，市面上有好幾本相關的研究書籍。在此，我想為各位介紹其中特別知名的**「市場影響占有率」**。

「二十六・一」是蘭徹斯特法則中最為人所知的數字，意指**市場占有率的下限目標值**。也就是說，**想在市場上發揮一定程度的影響力，至少必須爭取到二六・一％的市占率才行**。

你覺得這個數字是高還是低呢？

在這個物資過剩，商品和服務都相當充足的當代社會，同一個市場上有多家企業彼此競爭，實際上只有極少數案例能爭取到二六・一％的市占率。**只要市占率超過這個數字，就會被認為是該業界中的龍頭、翹楚**。因此在銷售競爭中，用來區分「弱者」和「強者」的指標，就是這一組數字。

在蘭徹斯特策略當中，市占率的目標數值模式如下：

・**七三・九％（上限目標值）** 絕對獨走狀態。若再爭取更高的市占率，市場就會進入無競爭狀態，反而導致市場失去活力。

・**四一・七％（穩定目標值）** 穩定居於強者地位。

・**二六・一％（下限目標值）** 強者與弱者的分水嶺。雖然有時會成為業界龍頭，但因情況尚不穩定，所以會追求更高的市占率。

◉「二六・一」的魔術數字

「如何事業成功？」「我們能贏得第一嗎？」再怎麼茫然地思考這些問題，也拿不出具體想法。這時我們只要想到爭取二六・一%的市占率就好，策略擬訂就會變得容易許多。

比方說，鎖定某個目標族群或地區也是一種策略。

如果很難在「女性」客群全體中爭取到二六・一%，那就聚焦搶攻「三十多歲女性」的市場；不奢望贏得「全國」市占率二六・一%，而是以「社區」市占率二六・一%為目標等。

就如上述般，**先在小規模市場上爭取二六・一%的市占率，其實是很有效的策略**。

此外，把競爭者的市占率當成自家企業是否退出市場的指標也是一法。

據田岡表示，奇異公司（General Electric）自一九六五年以來，皆採行產品組合策略（Product Portfolio，以市場占有率和成長率，區分事業分類的策略）。不過，當自家產品的市占率降到六・八％以下，且競爭對手的商品已握有逾四〇％的市占率時，奇異就會退出該市場。

至於在銷售推廣等策略方面，企業也可考慮優先將戰力投入有機會爭取到二六・一％市占率的地區，暫且擱置已被其他企業搶下逾四〇％市占率的區域；或者是當其他企業已取得逾七五％的市占率，我方實質上已不可能再以搶攻二六・一％市占率為目標時，**可趁業績災情尚未擴大前，趁早退出市場**。

這一套法則運用了多種細膩的數字，做了系統化的歸納。不過，請先牢記「二六・一％」此數字，這對評估自家產品的銷售策略一定有所幫助。

POINT

思考策略時，要把目標市占率的數值放在心上。

訣竅22 善用「海恩里希法則」，防範疏失

◉為什麼非得以「零客訴」為目標？

「海恩里希法則」（Heinrich's Law）可用「一：二十九：三百」這一組數字來表示。

它是探討職災的法則，意指一件重大意外發生，背後隱藏著二十九件輕微意外；而這些意外底下，潛藏著三百次「有驚無險」（令人捏把冷汗或虛驚一場）的經驗。

這是美國工程師哈伯．威廉．海恩里希（Herbert William Heinrich）從職災統計中推導出來的法則。

此法則經常被套用在負面事件上，例如疏失、客訴等。

舉例來說，一件重大失敗的後頭，隱藏著二十九件小失敗，以及三百件讓人覺

得「糟糕！」卻縱放過關的經驗；或者是**一件重大客訴之後，埋藏著二十九件輕微客訴，以及三百件看不見的潛在客訴**等。

仔細想想，這樣的比例其實相當高。

因為一件重大客訴的背後，隱藏著多達三百位「沉默的大多數」（Silent Majority）——也就是心懷不滿，卻沒有發聲表達意見的顧客。

我以往管理電信業者的客服中心。當時我對員工說：「我不容許任何一件客訴發生。因為一件客訴的背後，其實隱藏著三百件潛在客訴，所以我們必須以零客訴為目標。」

對客服中心的員工而言，每天和上百人通電話可說是家常便飯。一個月服務三千人次，如果只有一件客訴，我想就員工的主觀來說，應該會覺得非常滿意。

實際上，如果換算比例的話，這樣的客訴率是〇．〇三％。

但是，如果考慮到**背後有三百位心懷不滿，卻沒有發聲表達意見的顧客**時，那麼客訴比例又會是多少呢？

海恩里希法則

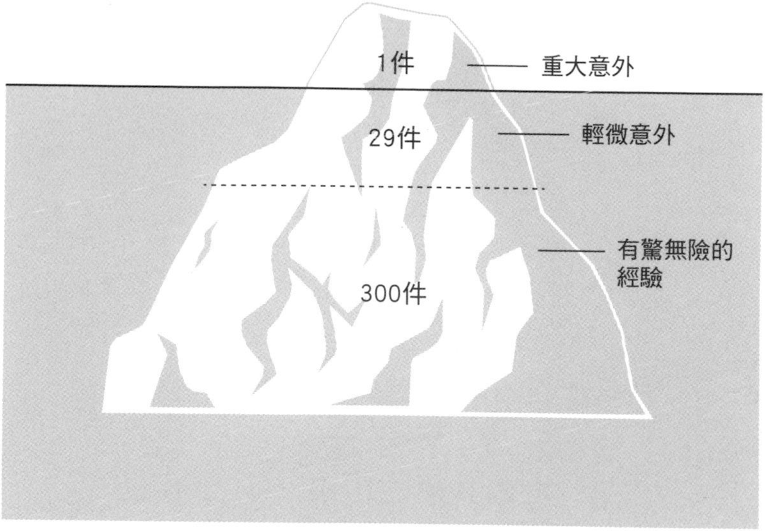

一件重大意外的背後，
其實發生過三百件令人「捏把冷汗」的經驗。

一個月服務三千人次，如果當中有三百人心懷不滿，換算下來就是一成，也就是平均十人就有一人不滿意。

◉「就那麼一件」客訴所訴說的千言萬語

或者我們假設在售出的一萬件產品當中，發生了三件客訴。如果我們對「海恩里希法則」一無所知，說不定會認為都賣了一萬件，有三件客訴也不奇怪，甚至還會覺得其他九千九百九十七個顧客都沒說什麼，客訴的那三個人才有毛病吧？

然而，只要想到**在這三個人背後，還有九百位心懷不滿的顧客**，那麼算起來還是有一成的人不滿意。

若秉持這樣的觀點，日後在生產同系列產品時，自然就會萌生該如何改善商品缺陷的問題意識。

「海恩里希法則」和「帕雷托法則」都一樣，重點不在於「一：二十九：

三百」的數字本身準不準確。

也有專家學者出示數據資料，強調即使對業者感到不滿，但實際上會明白表示意見的顧客，就只有四%而已。

簡而言之，**會浮上檯面的疏失或客訴，都只不過是冰山一角罷了**。

因此，記住具體的數字，並當成衡量疏失多寡的指標，就能讓我們的危機管理意識更為敏銳。

我們往往傾向於輕忽「就那麼一件」的嚴重性。然而，是否迅速察覺自身容易出紕漏的狀態或顧客的些微不滿，是攸關企業能否防範重大疏失的關鍵。

我們不僅要如此認真看待客訴，當出現些許疏失時，請回想「一：二十九：三百」數字，並將疏失視為改善的良機，千萬別只想著「幸好沒大礙」就草草結案。

POINT

即使是些微瑕疵，也一定要找出原因和改善方法。

訣竅 23

利用「一：五定律」和「五：二五定律」，克敵制勝

比爭取新客戶更迫切的事

「一：五定律」和「五：二五定律」是行銷上很常使用的知名定律。

所謂的「一：五定律」是指**銷售產品給新客戶所需的成本，是販賣給現有客戶的五倍**。爭取新客戶時，先要讓對方認識我們公司，對我們感興趣才行。而廣告費與顧客互動所耗費的勞力（人事成本等），還有為了降低顧客初次購買商品的心理門檻所做的折扣，以及派樣試用等，都會壓縮企業的獲利空間。

別說是五倍了，付出十倍成本的也大有人在。

「五：二五定律」則是表示「只要顧客流失改善五%，獲利就能改良二五%」的法則。

倘若現有顧客不斷流失，那麼就算爭取到再多新顧客，營收都不會成長。因此，對企業而言，如何防範現有顧客流失，成了很重要的議題。**畢竟只要改善五%的顧客流失，獲利就能增加二五%**。

「一：五定律」和「五：二五定律」告訴我們：重視現有客戶能直接連結獲利表現。

近來，我們經常耳聞「顧客關係管理」（Customer Relationship Management，簡稱CRM）一詞。CRM也是企業用來與顧客建立長期關係，進而讓獲利極大化的方法。它的特色是運用資訊系統，根據每位顧客的興趣、喜好等數據資料，與顧客建立關係。

曾使用過電商平台亞馬遜（Amazon）購物的讀者，應該都有這樣的經驗：**亞馬遜會根據使用者的消費或瀏覽紀錄等資料，主動推薦商品**。甚至還會主動發送信件，通知我們：「有這種品項上架囉！」「在找行銷方面的書籍嗎？這本書如何？」相關功能非常強大。

其實不只亞馬遜，各家電商業者都在發展CRM。從「一：五定律」、「五：二五定律」的觀點來看，此舉可說是用來留住現有顧客的合理操作。

企業固然需要追求新顧客的成長，**但要穩健推升獲利，那麼打造能與現有顧客深化關係的機制，重要性更是無可比擬**。

網羅新顧客的難度頗高，所以很多企業都挖空心思，祭出送贈品或提供優惠方案等措施，花招百出。相對地，企業對現有顧客的服務，卻往往流於怠慢。好不容易爭取到的顧客，倘若放任他們持續出走，那麼企業就必須不斷開發新客源，導致成本飆升，更會對經營狀態造成衝擊。

◉在限制中訓練發想能力

企業能用來爭取新顧客的預算有限，無法隨心所欲地揮霍。尤其最近，我也常聽到周遭朋友說：「預算被砍了……」抱怨自己明明被砍了預算，公司卻還要求衝高業績。這年頭還真是不好混。

不過，換個角度想，在現今時代下，唯有用心擬定假設的人，才能生存，這也堪稱為「正確的時代」。**在預算限制下，還懂得運用數字找出「解方」，有效創造績效的人才，必受到肯定**。

在今後的時代裡，我們有必要隨時自我提醒，把有限的資源投注在較有機會看到成效的地方。

企業認為沒有新顧客，事業就會每況愈下；而已有往來的現有顧客，就算放著不管，也會自己跟過來。

有這樣的想法，或許就會認為致力爭取新客戶才是首要之務。可是，若先把

「一：五定律」和「五：二五定律」記在腦海裡，**就會懂得隨時留意合理均衡分配，思考該在何處投入多少預算**。

當然我並非指不需要新顧客，而是照顧現有顧客的用心巧思，應該會成為企業在嚴峻時代下求生的一大關鍵。無法與顧客培養良好關係的企業，今後面臨的挑戰恐將愈來愈嚴峻。

POINT

隨時留意投資效益較高的方法，有效投入預算。

訣竅
24
管理上很有用的三大法則

該跨越的高牆——「一三五法則」

最後，我想再概略介紹幾個「數字定律」，它們都是用來管理企業組織或供應商關係的法則。

企管顧問岡本吏郎常談到「一三五法則」概念。

這個法則適用於目前正在成長，未來規模還會持續擴大的企業。它們的營收和員工人數並不會一直以等速增加，而是成長到某種程度後，必定會出現停滯期；突破停滯期後，就會再看到下一個階段的舞台。而這個法則所表達的，就是**停滯關卡會在一三五的階段出現**。

岡本吏郎在說明「一三五法則」時，總會舉存款的例子（岡本吏郎《公司留不住錢的真正理由》）。

要從零存款到創造一百萬的儲蓄，過程相當辛苦；但只要存款達到一百萬後，再累積第二、第三桶金，就會比較輕鬆。到三百萬時，則會出現一段停滯期，不過這時只要好好重整旗鼓，接下來就能一口氣存到五百萬。不知大家認同這個說法嗎？這應該很符合大家的實際感受吧？

同樣地，**公司營收成長到一億、三億和五億時，據說也是關鍵期**。

當企業營收達到五億時，下一次挑戰的目標應該是十億。岡本也提到，企業必須重新建構完善的機制，以免營收在七、八億的水準就停滯不前。

這個法則也能套用在員工的年資上。若能工作超過一年，下一個關卡就是三年；而跨過三年的關卡後，下一個關卡則出現在第五年。即使改用一個月、三個月、五個月為單位來思考，也能讓人找到豁然開朗的發現。

◉組織要控制在五十人以下──「組織等於一輛公車法則」

「組織等於一輛公車法則」是指可管理的組織人數上限，等同於一輛公車可容納的人數。

一輛公車可容納的人數，頂多五、六十人。換言之，**一個可受管理的組織，人數上限大概五十人左右**。

這個法則被視為管理的基本常識，並廣為流傳。實際上，的確有許多企業部門以五十人為限。

如果是一家百人規模的公司，就分成兩個以上的部門，分別統籌管理。

以往在大企業負責管理工作時，我也用過這個法則。

我在過去負責提供顧問諮詢服務的企業客戶當中，也曾推動過組織再造。當時那家公司有百來位員工，分為三大團隊，其中還包括逾五十人的部門（例：六十人、二十五人、二十人），人數分配失衡。因此，我把每個團隊都調整到五十人以下（例：三十五人、三十五人、三十五人）之後，團隊的管理運作簡直就像脫胎換骨似地，變得非常順暢。

●談判的精髓——「六：四法則」

「談判的六：四法則」是指在商業談判上，應以對方退讓六成、我方退讓四成的比例讓利。也就是說，**不強求對方接受我們提出的所有條件，而是要讓步四成，找到雙方的共識**。

舉例來說，如果我們向廠商提出：「我們的預算被砍了五％，拜託你們想想辦法，將金額調降五％吧？」這顯然就只考慮到自己公司而已。

於是，**我方決定吸收五％當中的四成**。

「我們的預算被砍了五％。其中二％我們會自己想辦法，能不能拜託你們調降三％？」

如此一來，這樣的請求方式帶給對方的印象就會迥然不同。說到談判，大家往往都會想說服對方接受自己的條件，讓事情盡量朝對我方有利的方向發展。

然而，**一味提出有利我方的要求，是無法建立彼此的良好關係的**。以往我也曾多次在談判中要求對方「全盤接受」，甚至還經歷過好幾次談判破裂。在本章最後，我會選擇介紹這項定律，其實也基於想自我反省。

如同上述的數字定律還有很多。定律五花八門，有些根據很模糊，也有些像「蘭徹斯特法則」般，背後有細膩的理論支撐。不過，可以確定的是：**記在腦袋裡的定律愈多，思考工作問題時，就愈容易猜想到「解方」**。

不論是思考後續業務發展、研擬企畫內容，或是發生營收衰退等不利情況，不知道該從什麼角度切入思考時，收藏在大腦抽屜的定律，就成了我們儲備的「切入點」選項。

此外，懂得運用數字，能讓我們在研擬策略時更具體思考，例如用「二：八」的概念來想想有什麼可行的方案，或是看看追求「二六・一%」時究竟該怎麼做等。

當你從書中找到似乎可派上用場的法則，覺得很有說服力時，請務必提醒自己記住數字。

POINT

把定律記在大腦裡，為自己多儲備處理問題的方法。

Chapter 5

合理化你的每個判斷

正因為你的持續累積，
做出了高品質和高效率的決策，
所以反映了你身為上班族的能力。

訣竅 25

學會堅定不動搖的決策順序

●培養數值化思維會帶來什麼改變？

商業活動就是一連串的決策。

為什麼我會把本書主題定為「數值化思維」呢？因為，它是最能幫助我們不斷做出合理決策的能力。

我想你在工作上，必定也是每天都需要做決定。

談「決策」，或許你會覺得有些小題大作。然而，**你我的確隨時都在做決定**。日常生活更是如此，舉凡「幾點起床」、「今天起床時間比較晚，要不要吃早餐」，以及「要和誰一起吃午餐」等都是。

我們每天都在做某些決定；而決定後的結果，有時令人滿意，有時讓人後悔。

如果只是決定吃什麼午餐，那麼多少有點後悔，例如「早知道就去那家店」、「早知道就點咖哩飯」等，倒還無傷大雅。但若是工作上的決定，事情可就沒那麼簡單了。

「早知道就把這項業務外包」、「早知道就先把那件工作處理掉」……諸如此類的決策錯誤會給自己帶來壓力。若發生「要是和那家公司合作，就不必負擔這一筆損失了」、「要是早點收掉這項事業就好了」等的失誤，則會造成整體企業組織的壓力。

世上當然沒有絕對正確的決策。倘若商業活動都有正確答案，我們就不必吃這麼多苦頭了吧？

此外，**要是某個決策帶來了好結果，我們也不能就此輕易論斷，說「這個決策很正確」**。

因為有時候，決策本身很糟糕，但因為過程中發生了意料之外的事，得以水到渠成地迎來好結果。

這就是所謂的「結果好就一切都好」。

「結果好就一切都好」的情況，當然無法複製。對企業組織而言，並不樂見無法複製的工作績效。

因此，真正的關鍵在於做出決策之前的「過程」。

●無法讓他人接納自己的意見是二流人才

在企業組織當中，很重視「客觀且合理的決策過程」。也就是說，**我們要不斷做出「從客觀角度看來，亦屬合理」的決策**。

決策需具備客觀性與合理性的原因有三：

第一個原因是，當我們要告知組織團隊決策內容時，如果內容不夠客觀且合理，就無法向其他員工說明。假如各路人馬都採用主觀的根據，企圖讓自己的決策強渡關山，那麼說明就只是浪費時間，無法凝聚共識。

其二的原因是為了不要重蹈覆轍。即使在組織團隊當中，眾人先以「總之就這樣做吧」的形式取得共識，**實際推動業務、不幸失敗時，卻無法妥善說明前因後果，更無法將教訓運用在下次機會上**。

最後一個原因是為了不讓決策流於人治。

假設有一位A員工，他的決策總能創造令人滿意的結果，以至於團隊形成一股「有麻煩的時候就去問A」的風氣。長此以往，萬一哪天A不在，這個團隊可就糟糕了。

一個組織團隊若要持續運作，那麼不只是決策，就連對「人治」的依賴，都應該盡量降到最低。實務上，企業因某位員工離職而失去大客戶或闖下大禍的情況，可說是屢見不鮮。

「客觀且合理的決策」就是任何人都會選擇這樣做，並非非A不可。

傑出的管理職人員，不會把「凡事都靠自己決定」視為好事。有能力打造「即使我不在，一切都能正常運作」的組織，才是一流的上班族；而企業也必須打造「不流於人治的決策機制」。

綜上所述，組織團隊若要持續運作，那麼正確決策不可或缺；而要正確決策，就需要具備「數值化思維」了。

在企業組織中，無法說服對方接納自己決策的人，和凡事都靠自己決定的人，在本質上都一樣，都是二流人才。

POINT

只要備妥一套決策的準則，判斷時就不會再猶豫不決。

訣竅 26

運用「三道流程」，合理決策

◉何謂「正確決策」？

在這一節當中，我們要探討的是做出正確決策的流程。

如前所述，世上沒有絕對正確的決策。

因此，這裡提到的「正確決策」，是指「客觀且合理決策」之意。

我認為「做出正確決策的流程」有以下三個階段：

①確認前提

②評估其他選項

③以量化方式呈現判斷依據

接著，讓我逐項說明。

◉流程① 確認前提

首先，前提是一大關鍵。倘若前提有誤，當然就無法做出正確決策。舉例來說，「邀請備受家庭主婦歡迎的藝人來辦活動，向主婦族群宣傳新商品」的決策前提是，「應該向主婦族群宣傳新商品」。

決策的前提為何？前提設定是否正確？我們要先停下腳步，思考這些問題。

說穿了，如果新商品根本不適合主婦族群，那麼這個決策，恐怕就無法達到預期的成果。企業在決定宣傳手法前，必須先確認「是否有必要向這個族群宣傳」才行。只要先用第2章談過的「議題樹」，釐清該商品究竟有誰需要、用來做什麼，就不會再出現「搞錯對象」的疏失。

其實，當前提不夠明確時，人就無法深入思考問題。被稱為「艾爾斯伯格悖論」（The Ellsberg Paradox）的心理實驗能表示此問題，我介紹如下。

有①號和②號兩個壺，裡面各裝了紅黑兩色、總計一百顆的球。已知在①號壺中，紅球和黑球的比例相同，也就是剛好各有五十顆；②號壺的情況則不得而知。而作答者要先選一個壺，並猜測自己會抽到「紅球」或「黑球」後，再從壺中抽出一顆球。猜中就能拿到獎金。

①號壺裡是紅、黑球各半，所以猜對的機率是五〇％；②號壺的紅、黑球比例不詳，但抽中的不是紅球就是黑球，所以拿到獎金的機率仍是五〇％。

既然選①或②號壺，猜中的機率都是五〇％，那麼選哪一個壺應該都無妨。可是，實際上卻有很多人選了①號壺。因為這些人覺得，前提明確的①號壺，會比②號壺好抽。

面對前提不明的問題時，我們往往會停止思考。

以宣傳新商品的案例而言，如果不先釐清究竟想把商品賣給誰，那麼眾人對宣傳的想法將破綻百出。

相反地，倘若我們能清楚確認商品的銷售前提，包括希望哪些族群使用，以及在何種情境、目的下使用等，就能配合前提，拋出各式各樣的想法。

請在決策之際，務必先退一步，思考究竟是為何、為了什麼目的而做出這個決定，盡可能仔細篩選堪稱為「前提」的各項要素。

◉流程② 評估其他選項

確認過前提後，接下來要評估除了檯面上列舉的選項之外，是否存在其他可能，這些選項或許不見得是「非黑即白」，還可能有「灰色」存在。

就算是為了宣傳而打廣告，不僅要挑選刊登的媒體平台，甚至「先投入些許預算，實驗性的投放少量廣告，觀察市場反應」也不失為一個選項。沒有獲利的事業，不是只有「收攤裁撤」或「堅持苦撐」這兩個選擇而已，還可以考慮把整個事業打包出售給其他企業。

由於這個流程和流程①的「確認前提」部分重疊，所以實務上多半是①和②同時進行。

流程①和②的共通點，在於它們都是基於「歸零」（Zero-Base）的思考，強調不過於拘泥當下的論點或過去的經驗。

實務上，在做決策時被既往的做法牽著鼻子走，或看不見其他選項的案例，可說是屢見不鮮。

以「選擇協力廠商」為例，如果說是「既然以往都找A公司，那這次也交給他們吧」，這根本稱不上是做決策。

若總是以既往的經驗為標準來思考，那麼在情況生變時，可就要傷腦筋了。上班族所處的環境，只要因為換工作等因素而改變，既往處理工作的方法就可能不再暢行無阻。此外，如果職涯一直跳脫不了過去的延伸，就無法因應各種突如其來的變化。

不過，選擇新選項時，往往會衍生出額外的成本，須特別留意。

以剛才提過的協力廠商為例，假設交給固定配合的A公司處理，要花二十萬元；交給另一家新廠商B公司承攬，只要十八萬元就搞定。可是，和A公司配合的話，不需要太多磨合，業務承辦人對他們也很滿意。如果考量與B公司重新磨合要花費的心力後，認為交給A公司處理的優勢，價值超過兩萬元的話，那就選A即可。

簡而言之，重點在於要懂得隨時歸零思考，評估決策的合理性。

◉流程③ 以量化方式呈現判斷依據

我再三強調，決策過程中最重要的，就是用數字量化方式呈現決策的判斷依據。

「總覺得A應該比較好」的判斷，也要用數字比較、評估之後，才能做出「正確決策」。

關於把數字當成判斷依據，人才培訓專家福澤英弘在著作中，介紹了「Seven & i 控股公司」前執行長鈴木敏文先生的案例。

據說日本7-Eleven當年在進行「中華涼麵」商品的改版時，研發過程並不順利。於是他們便以硬度為縱軸、彈性為橫軸，將麵條的嚼勁數值化，拿範本店家的麵、改版前的麵，和這次的新麵條相互比較，評估如何更趨近目標口感，才成功打造出轟動的熱賣商品（福澤英弘《量化分析實務講座》）。

就連看似與數值化沒什麼交集的中華涼麵麵條，都能透過數字思考，進而做出正確決策。如果只是用「口感再更滑溜一點……」、「Q彈口感……」等文字描述來討論，改良版恐怕永遠無法完成。

在商務上，很多事情明明遠比形容麵條嚼勁的文字描述更容易轉化為數字，卻沒有進行量化分析，就做出了決策。

即使面對那些乍看似乎很難量化分析的事物，還請各位抱著或許可以用什麼數字來呈現的觀點。

POINT

歸零思考，將判斷依據化為數字，妥善整理。

訣竅 27

做出「中止」業務的決斷

◉別把「沉沒成本」當成判斷依據

接下來，我以實際在商務現場上可能碰到的情況為例，更具體地探討幾個決策時的重點。

就推動中的個案而言，決策上較大的困擾，就是常發生**「該繼續下去，還是該喊停」**的問題。這是大環境與專案開始之初有異，迫使企業不得不重新評估業務發展的局面。

案例①

東京電機素材股份有限公司的企畫部協理田口很苦惱。計畫用在智慧型手機和平板電腦上的新素材研發，從去年底就已成立專案小組推動，現在終於來到臨門一腳的階段。公司已向幾家業者做過簡報，此研發案感覺很有商機。若能順利研發完成，市占率預估有機會達到六〇％。

沒想到……

東京電機素材卻聽到市場傳言，說在中國設有研究機構的亞洲新素材股份有限公司，已成功研發出類似素材。他們向相關人士打探後，認為此資訊的可信度很高，而且對方的產品，比田口協理的專案素材還便宜許多。他們於是又連忙找尋公司在這場競爭中的優勢，很可惜沒有找到。

有一位研發人員臉色大變，跑來告訴田口：「這樣會不會侵害我們的專利？」然而，不論兩者素材再怎麼不同，產生的效果和我方如出一轍。

這個專案已經進行了半年，投入了四億元的研發成本，不可能在這時喊停。

「田口協理！請別讓我們前功盡棄。我們來找找對方材料有什麼缺陷吧！」

「田口協理，只要再投入一億元就能完成，請讓我們有始有終！」

還要再花一億啊……這下子該怎麼辦？

田口協理的立場很為難。

「現在放棄實在太可惜了！」你我平常都會有這樣的感覺，尤其是在第一線負責承辦業務的同仁，對於這段時間以來所推動的業務都很有感情，所以當然會想方設法希望能有始有終。

在東京電機素材的案例當中，由於大環境改變，造成營收將遠低於原先預估。這時的關鍵，是要懂得姑且放下「現在放棄實在太可惜了」的情緒，冷靜分析現況，看看預估營收能否打平後續投入的成本（費用和時間）。在此之前所投入的成本，已是覆水難收，所以不能當成判斷的依據。

不影響未來價值的成本，就是所謂的「沉沒成本」（Sunk Cost）。

做決策時，必須純粹只用將來可能發生的事項來權衡判斷，而**不能把沉沒成本當成決策的判斷依據**。

談到沉沒成本時，常有人舉「看無聊電影」的例子來參照。

你來到電影院，付了三、四百塊買票，進場看了約三十分鐘，便確定這部電影「有夠無聊」！既然如此，只要中途離場即可，因為你已經知道：再看下去，也不會達到自己期待的娛樂目的。可是，很多人因為「既然都已經付了錢，還看了三十分鐘」，而打算留下來看到最後。有些人會說看到最後才能「回本」，然而，如果看到最後卻什麼收穫都沒有，那麼除了三、四百塊和三十分鐘的成本之外，就只是平白又再付出更多時間成本罷了。

已經付出的電影票和已經花在觀賞上的三十分鐘，都是沉沒成本。我們應該當成判斷材料的，是只依據看完電影後的收穫，究竟值不值得自己繼續花一個半小時的時間成本而已。

◉遷址豐洲問題一再延宕的原因

「為了避免付出淪為沉沒成本，應客觀、務實地思考後續該如何處理。」這段談話，是現任東京都知事小池百合子在談到築地市場遷址豐洲問題時，所發表的言論。

姑且先不論小池都知事發表這一番言論的真正用意為何（知事或許並沒有真正理解沉沒成本的含義），但遷址豐洲問題的確是思考沉沒成本的絕佳案例。

豐洲市場的所有設施於二〇一六年五月完工，原本預計於同年十一月開幕營運。然而，後來因為爆發了土壤汙染問題，導致遷址延期，相關討論遲遲沒有定案。很多人也說出「政府在豐洲市場已經投入了六千億日圓，事到如今才要喊停，未免太離譜了吧」之類的情緒性言論，進度一直在原地打轉。

要決定是否持續推動遷址，**應將過去已投入的成本暫時擱置，聚焦在計算未來**

遷址後能獲得多少的益處上。

政府不應受限於已發生且無法回收的成本，要以遷址後會產生的成本與益處，和興建第三市場或留在築地比較，再做決定。

不考慮沉沒成本的心態，正是遵循前一節介紹過**決策基本心法「歸零思考」所發展的觀念**。

聽過說明之後，我們就會覺得這樣的評估、判斷很理所當然。但在許多商業實務上，就是會有人做出不夠冷靜的決策。

如果你任職於製造商，不妨回顧公司的商品研發流程，就會明白我想表達的意思。因為部門裡的人員、派系的算計等各種桎梏，而導致企業不敢破釜沉舟、砍掉沉默成本的案例，屢見不鮮。

不過，**既然要做生意，就要單純地思考「該怎麼做才能推升利潤」**。我們要盡可能過濾掉與利潤無關的雜訊，追求合理的決策。

如果只是提出意見，說：「讓我們從合理的角度來思考吧！」應該很難貫徹到底。不過，只要能提供有說服力的數字佐證，在商務現場就不容被輕易抹殺。請善用沉沒成本的概念，引導出更積極正向的討論。

POINT

不論是進是退，都要找出可當成判斷依據的數字。

訣竅 28

衡量未來價值

◉考量未來價值時，要「打個折扣」

雖說我一再強調要根據量化分析來決策，但這些分析有時也會出錯。

最常見的錯誤，就是把「未來的現金」和「現在的現金」一視同仁。

案例②

知名便利商店連鎖業者「SF市場股份有限公司」啟動了一項大型專案，希望位於首都生活圈的數百家主要門市，都能引進自助結帳機。

負責和設備廠商交涉的西野，要在經營會議上報告此事，說明預估需投入多少費用，以及可望帶來多少效益。

引進自助結帳機預估花五億元，廠商在價格上已經做了很大的讓步。後續每年還要投入五千萬元的維護成本，而且機器每五年就要換新。

不過，重點在於效益。

西野再次確認他試算的數字。

引進自助結帳機之後，預估每年可以省下一億七千萬元的人事費用。如果扣掉五千萬的維護成本，還剩下一億兩千萬，五年算下來就省了六億。就算初期建置成本要花五億，也還有一億結餘。這樣看來，經營高層一定會同意……。

西野緊盯著電腦。他的主管北本走了過來。

「你在做簡報資料啊？……這應該沒考慮到淨現值吧？」

北本不由分說地在西野的Excel表單上加了一行。

「從這個數字上來看，就變成不引進比較好了。你得要再仔細想一想。」

北本在滿臉錯愕的西野身旁，撂下了這句話。

看來西野似乎把事情想得太天真了。

我們必須特別留意：未來可獲得的金額，與它現在的金額、價值並不相同。

所謂的「淨現值」（Net Present Value），就是把未來可獲得的金額，換算成現在的價值。正如其名稱所示，意指「若換算成現在的價值，淨額會是多少」。

現在的一百元，不能與一年後的一百元相提並論。

如果是現在可以動用的資金，就可以透過投資來增值，即使只是存進銀行，也能孳息。

反過來說，這些投資其實還是有風險，說不定會因故無法回本。

◉如何換算成現在的價值？

未來可獲得多少金額，需要從時間軸和風險的角度，打個折扣計算。那麼，究竟該折價多少才算合理呢？

儘管沒有明確的計算標準，但我參考的依據是「加權平均資本成本」（Weighted Average Cost of Capital，簡稱ＷＡＣＣ）。

ＷＡＣＣ是企業在發動併購時，用來計算企業價值的折價率數值。為了評估企業是否值得收購，此數值工具將未來可獲得的金額換算成現在價值。不過，在投資股票、設備時，也可以用同一套思維概念。

ＷＡＣＣ雖有計算公式，但在實務上，多半是直接引用類似案件的數值。我拿不出一個通用的明確數值，不過如果一定要說個數字的話，大概是一年五～一〇％。

就算沒聽過ＷＡＣＣ的概念，也可以這樣想：

「如果把目前手頭上的現金投入事業發展，一年後會變成多少錢？」

假如拿去投資年利率一〇％的金融商品，就能用一百萬創造出一百一十萬。所以未來的一百萬，會比現在的一百萬更有價值。

如果現在手上的一百萬，會以年利率一〇％的速度增值，那麼我們就可以用

衡量「5 年後的價值」

	第 1 年	第 2 年	第 3 年	第 4 年	第 5 年	
機器維修成本	5,000 萬	5,000 萬	5,000 萬	5,000 萬	5,000 萬	
人事費用撙節金額	1 億 7,000 萬	1 億 7,000 萬	1 億 7,000 萬	1 億 7,000 萬	1 億 7,000 萬	
效益	1 億 2,000 萬	1 億 2,000 萬	1 億 2,000 萬	1 億 2,000 萬	1 億 2,000 萬	合計 6 億

若折扣率是10%，
想想淨現值是多少？

	第 1 年	第 2 年	第 3 年	第 4 年	第 5 年	
機器維修成本	5,000 萬	5,000 萬	5,000 萬	5,000 萬	5,000 萬	
人事費用撙節金額	1 億 7,000 萬	1 億 7,000 萬	1 億 7,000 萬	1 億 7,000 萬	1 億 7,000 萬	
效益	1 億 2,000 萬	1 億 2,000 萬	1 億 2,000 萬	1 億 2,000 萬	1 億 2,000 萬	合計 6 億
淨現值	1 億 909 萬	9,917 萬	9,016 萬	8,196 萬	7,451 萬	合計 4 億 5,489 萬

未來才會進帳的資金，
考量價值時要先打個折扣。

一百萬除以一・一，算出一年後一百萬的實質價值。

一百萬元÷一・一＝約九十萬九千元。而兩年後才能拿到的一百萬，其價值則是九十萬九千元÷一・一＝約八十二萬六千元。

我們也要用這樣的方式，思考引進自動結帳機的效益才行。剛才西野先生的主管是用一〇%的折扣率計算。這樣算下來，五年的合計效益就變成是四億五千四百八十九萬元，已經低於初始投資的五億元了。

這樣一來，就算是被公司要求「那還是別做了」，也只能接受。畢竟**要投入這麼多成本，如果不能創造更高的效益，根本成不了事業**。

請你記住「未來才會進帳的現金，要依時間打個折扣」的觀念，以便做出正確的決策。

POINT

與其想著遠在天邊的萬貫財富，不如優先考慮手邊的現金。

訣竅 29 培養看見「隱形損失」的能力

◉「無法做決定」的時間愈長愈吃虧

在決策過程中，大家常常誤會「應該花一段完整的時間，好好考慮」。

如前所述，想做出正確決策，需蒐集判斷依據，並且量化評估。不過，這並不表示我們想花多少時間評估都無所謂。**因為，花在評估決定的時間愈久，就愈會衍生隱形損失**。此事很值得再三強調。

在商業環境底下，有時會因為不夠當機立斷，而造成致命的損失。然而，由於這都屬於隱形損失，所以我們往往很難清楚察覺。

懂得隨時留意這些「隱形損失」的人，才能創造出卓越的成就。這一點我有很切身的感受。

截至目前為止，我看過的經營者不下千人。而**傑出的經營者或上班族，決斷的速度都非常明快，毫無例外**。

在社會打滾資歷尚淺的人，只要有意識地加速自己決策的速度，得到的結果就會大不相同。

在本書最後，我要談談**「明快決定」與「看見隱形損失」的重要性**。

案例③

生態股份有限公司主要銷售：使用天然成分的日用品，以及對環境友善的商品，於東京市區設有門市。相較於兩、三年前的榮景，如今營收低迷，「必須設法救亡圖存」的氛圍日漸濃厚。

在五個月前的一場會議上，公司決定要發展網路電子商務，便透過內部招募制度，為新事業部找齊了成員。團隊主管是以往曾經營過網路商店的松村。他滿懷雄心壯志，說「要在一年內，讓電商的營收衝到門市的十倍」。

可是，究竟要在「何處」發展電子商務，卻遲遲無法定案。

本來生態公司想導入一套看來效果很不錯的購物車系統，沒想到成本很高；而用現有的官方網站來加工，又恐怕很難創造流量。

也有人提議看來很有機會的選項，就是到專賣生態相關商品的綜合購物網站「生態天市場」開店。不過，透過這種網站當然對方要收展店費用，甚至內部還有一派認為這種網站和品牌形象不符。

這個新成立的通訊交易事業部，成員個個都很有幹勁。正因如此，每次開會討論都非常熱烈，眾人這也嫌不對、那也說不好，爭執不休。

甚至還有熱心成員找來其他公司的案例，在會議中分享。

「松村，發展這個事業也是要為公司注入一點活力，所以我覺得多少投入一些預算也無妨。我很看好你們喔！」

儘管總經理這麼說，但會議開得愈多，松村愈是舉棋不定。

自從公司決定要發展電子商務迄今，已過了五個月。仔細評估每個選項固然重要，但**如果能更早果斷決定，這段時間應該也能賺進一些利潤**。

明明有獲利機會，卻因為毫無作為而衍生的損失，就是所謂的**「機會損失」**。這些機會損失是隱形的，所以很難留意到，但它們可是相當重要的決策元素。

決策最好依合理的程序，迅速地採取行動。縱然失敗，只要當初做的決策正確，就很容易找出該修正的地方；而確認失敗原因之後，也能將這個教訓應用在下一次的機會上。

◉隨時留意「機會損失」

上班族必須隨時惦念著「機會損失」。

假設你是主管，想請部屬去參加講習課程。如果從成本的角度考量，究竟該請部屬平日去，還是假日去？同個問題的其他相關條件如下：

・這裡所謂的部屬是一位正職員工。換算下來，公司付給他的時薪是五千元。
・講習課程的時間是兩小時，費用是兩萬元。
・如果請部屬利用假日去參加，就要視為假日出勤，公司要付一・三五倍的薪水。

不考慮其他條件的話，本次講習的成本計算如下：

・若於平日參加，則成本為參加費兩萬元
・如果是假日參加，則成本為參加費兩萬元＋假日出勤兩小時的人事費用一萬三千五百元＝三萬三千五百元

從目前的思考看來似乎是讓部屬平日去參加，比較能壓低成本。

不過，這裡還有一個因素必須考慮，那就是部屬平日正常上班時，可望為公

司賺得的利潤。**通常企業在指派業務時，會設定員工要能「賺進薪水三～四倍的利潤」**。在這個案例當中，我們先設定為三倍，來看看部屬於平日參加講習課程的成本。

・如於平日參加，則成本為參加費兩萬元＋兩小時的機會損失三萬元（時薪五千×兩小時×三倍）＝五萬元

由此可知，讓部屬於平日參加的成本，會比假日參加更高。

考量成本時，要像這樣把機會損失也納入考慮。所以很多人說，**員工研習的成本當中，通常占用員工時間的機會損失，會比參加費等的費用更高**。

綜上所述，如果我們在評估時忽略機會損失，就會做出誤判局勢的決策。

◉日常生活中也能鍛鍊決斷力

隨時留意機會損失的存在，決斷的速度就會變快。

在日常生活中，假如我們走進家電量販店，猶豫該選A或B牌電腦，最後卻什麼都沒買就回家，還繼續遲疑不決……這樣就產生了機會損失，因為愈早買，就能愈早享受電腦所帶來的益處（雖然好像也有人以三心二意為樂）。

若循「正確決策」的原則來思考，諸如此類的採買應該要當機立斷，才不會在日後看到其他商品，又感嘆「早知道就買這個」。已經購入的商品，再怎麼後悔也不會改變。剩下的，就只能看我們如何運用該項商品而已。

當然我們在日常生活中，不見得要如此落實計算機會損失。

不過，為了能在工作上養成聰明決策的習慣，試著在日常生活的各種場景中，時時提醒自己留意「正確決策」原則，其實也不錯。正確決策的能力，在工作上就是這麼關鍵，值得我們做到這個地步也不為過。

我再次強調，所謂的商業活動，說穿了就是考驗我們能持續做出多少客觀且合理的決策。**而這些決策的品質與速度優劣，反映了作為上班族的能力高下**。

在本書當中，我挑選出會讓「怕數字的人」特別避之唯恐不及的問題，盡可能化繁為簡地說明。

我自認已竭盡所能，將一般上班族持續做出正確決策所需的重點，都網羅在書中。

從今以後，不論在工作上碰到什麼問題，請都先懷抱「轉化為數值化思維」的心態，積極面對。

我想你對工作的看法，必定會出現一百八十度的大轉變。

POINT

看見「隱形損失」，成果就會隨之改變。

結語

假設你是飲料製造商的員工，現在正在開會。

因為公司新推出的寶特瓶裝茶飲「對了！喝茶」，上市第一個月、第二個月都沒有達成銷售目標，公司認為必須重新研擬後續策略，所以召開了這場會議。

眾人在會議室裡，產生了這樣的討論：

「請女演員古垣結衣來拍的那支電視廣告，好感度明明就很高，業績目標達成率竟然創下史無前例的新低！究竟是哪裡不對啊？」

「說不定當初該找很受女性歡迎的諧星才對。」

「明明用了上等茶葉，名字卻叫『對了！喝茶』，是不是表示消費者感受不到此產品的優點？」

「若我們把包裝設計改得再簡單一點呢？茶飲包裝還是要做出茶飲的風格，我們的太標新立異了。」

「接下來就會看到成效了啦！改來改去無法建立完整的品牌形象。」

「我看還是業務團隊的努力……」

「又要檢討業務是不是努力了嗎？追根究柢，這款茶的味道很好嗎？」

於是你插話，說：「請等一等，請先看一下這個資料。」說完這句話，你出示了圖表。

「上個月，這個地區賣得最好的茶飲，是A公司推出的『小憩片刻』，銷量一萬瓶。然而，即使是『小憩片刻』這支龍頭茶款，上個月都比平常衰退了一〇％；B和C公司也同步走跌。所以，上個月茶飲整體銷售表現欠佳，是不爭的事實。不過，『對了！喝茶』的業績僅達目標的六〇％，所以光是『市場整體表現欠佳』，並不足以說明業績慘況。因此，我又準備了這份資料。」

語畢，你又給眾人看了一份Excel資料。

「這份資料，是依站內商店、便利商店和超市等通路分類，計算『對了！喝茶』的營收。由表中可知，相較於本公司過去的其他茶飲，『對了！喝茶』在便利商店的營收異常地少。其中又以『每日天然』的營收貢獻最少，門市平均營收只有四千元，表示有時候一天連一瓶都沒賣出去。」

與會者聽了你的說明後，個個點頭稱是。看來，該如何解決問題，至少討論方向已經有了眉目。

「果然會議還是要有〇〇（你的大名）在，否則根本沒進度。」

現在，你已成為我在本書開頭介紹的前「三%」上班族了。

誠如我在本書中一再強調，運用數字談話說理，其實並不困難。

只要你養成習慣，在開始描述情緒、感受前，先進行量化分析即可。

即使從這些分析當中，找不出犀利的解決方案也無妨。只要能拿得出分析依據，剩下就交給整個團隊一起集思廣益就行。

首先，要懂得運用「數字」這一套人人都能相互理解的語言。

光是這樣，你作為上班族的附加價值就會水漲船高。只要具備「數值化思維」的能力，不管到哪個行業，從事什麼職業，都能發揮實力。

請務必從明天開始，就試著用數字思考、談話。

身為作者，若能看到本書對大家的職場人生有些許貢獻，那便是我無上的榮幸。

最後，我要感謝包括村上芳子女士在內的Ascom出版社同仁，為我帶來了撰寫本書的契機；還有武士文案公司的小川晶子女士，一直在編排上提供大力協助。能在如此優秀的團隊協助下，寫出自己一直想寫的主題，我覺得非常開心。

此外，還要感謝我的太太美彌子、女兒真由希和紗由希願意默默祝福，沒有在我假日寫作時抱怨。

當然更要感謝你讀完本書，期盼日後有機會與你相會。

久保憂希也

note

note

數值化思維

國稅局稽查官的29個數值化訣竅，教你從不懂數字的人，變身用數字精準判斷的高效工作者

作者	久保憂希也
譯者	張嘉芬
商周集團執行長	郭奕伶

商業周刊出版部

總監	林雲
責任編輯	林亞萱
封面設計	林芷伊
內文排版	陳姿秀
出版發行	城邦文化事業股份有限公司 商業周刊
地址	104 台北市中山區民生東路二段 141 號 4 樓 電話：(02) 2505-6789　傳真：(02) 2503-6399
讀者服務專線	(02) 2510-8888
商周集團網站服務信箱	mailbox@bwnet.com.tw
劃撥帳號	50003033
戶名	英屬蓋曼群島商家庭傳媒股份有限公司城邦分公司
網站	www.businessweekly.com.tw
香港發行所	城邦（香港）出版集團有限公司 香港灣仔駱克道 193 號東超商業中心 1 樓 電話：(852) 2508-6231　傳真：(852) 2578-9337 E-mail：hkcite@biznetvigator.com
製版印刷	科樂印刷事業股份有限公司
總經銷	聯合發行股份有限公司　電話：(02) 2917-8022
初版 1 刷	2023 年 5 月
定價	350 元
ISBN	978-626-7252-43-7（平裝）
EISBN	9786267252444（PDF）／ 9786267252451（EPUB）

國家圖書館出版品預行編目(CIP)資料

數值化思維：國稅局稽查官的29個數值化訣竅，教你從不懂數字的人，變身用數字精準判斷的高效工作者/久保憂希也作；張嘉芬譯. -- 初版. -- 臺北市：城邦文化事業股份有限公司商業周刊, 2023.05
224面；14.8×21公分
ISBN 978-626-7252-43-7(平裝)

1.CST: 工作效率 2.CST: 管理數學 3.CST: 數字

494.01 112003731

藍學堂

學習・奇趣・輕鬆讀